Java 编程基础

主　编	胡　春	陈　强	彭泽赛
副主编	柳　汩	龙　勇	张桃林
	彭星入	虞蕊萌	陈　宏
	罗　伟	余训锋	李昌群
	李珺茹	谭庆芳	胡征昉
参　编	皮加辉	王　威	张祖波
	黄为夫	钟大星	刘　湘
	蒋坤伦	周伟俊	王炳祥
	朱奕蒙		

北京理工大学出版社

BEIJING INSTITUTE OF TECHNOLOGY PRESS

图书在版编目（CIP）数据

Java 编程基础 / 胡春，陈强，彭泽赛主编. -- 北京：
北京理工大学出版社，2025. 1.
ISBN 978-7-5763-4687-9

Ⅰ. TP312.8

中国国家版本馆 CIP 数据核字第 2025J1C742 号

责任编辑：钟　博　　　**文案编辑：**钟　博
责任校对：周瑞红　　　**责任印制：**施胜娟

出版发行 / 北京理工大学出版社有限责任公司
社　　址 / 北京市丰台区四合庄路 6 号
邮　　编 / 100070
电　　话 / （010）68914026（教材售后服务热线）
　　　　　　（010）63726648（课件资源服务热线）
网　　址 / http://www.bitpress.com.cn

版 印 次 / 2025 年 1 月第 1 版第 1 次印刷
印　　刷 / 三河市天利华印刷装订有限公司
开　　本 / 787 mm×1092 mm　1/16
印　　张 / 13.75
字　　数 / 304 千字
定　　价 / 75.00 元

前　言

本书旨在为即将踏入编程领域的读者铺设一条清晰而充满启发的路径。Java 自 1995 年由 Sun Microsystems 公司［后被甲骨文公司（Oracle）收购］推出以来，便因其"一次编写，到处运行"的理念迅速成为全球范围内广泛使用的编程语言之一。Java 不仅在企业级应用、Android 应用开发、大数据处理、云计算服务等多个领域占据核心地位，而且凭借其强大的跨平台能力、丰富的类库支持及卓越的安全性，持续吸引无数开发者投身其中。本书正是为了那些初次接触 Java 或希望系统性巩固 Java 编程基础的学习者精心准备的。无论你是编程新手——正怀揣着对技术世界的无限好奇，还是经验丰富的开发者——期望通过 Java 拓展技能，本书都将是你理想的起点。本书旨在通过简洁明了的语言、实用的示例以及循序渐进的结构，帮助读者建立牢固的 Java 编程基础。本书从 Java 的基本概念、环境搭建开始，逐步深入到变量、数据类型、控制结构、方法、类与对象等核心要素。

本书作为项目式教材，具有以下几个显著特点。

1. 实践导向

本书紧密联系实际工作或生活情境，使学生通过完成具体项目学习和应用知识，强调学以致用，增强学习的实用性和针对性。

2. 任务驱动

本书内容围绕一系列明确的项目任务展开，每个任务都旨在达成特定的学习目标，促使学生主动探索和解决问题。

3. 以学生为中心

本书转变传统教学中以教师为中心的模式，更加强调学生的主体地位，鼓励学生主动参与、合作探究，促进自主学习能力的提升。

4. 跨学科整合

本书促进不同学科知识的融合应用，通过项目将多学科内容有机结合，帮助学生建立知识间的联系，提升综合运用知识的能力。

5. 情境化学习

本书为学生创建有意义的学习情境，使学习内容贴近现实生活，增强学生的学习动机和兴趣，提高学习效果。

6. 评价多元化

本书对学生的评价不再仅依赖考试成绩，而是更多地关注学生在项目执行过程中展现的能力、态度、团队合作及问题解决策略等多方面表现。

7. 自主性和创造性

本书鼓励学生根据个人兴趣和特长选择学习内容和展示方式，激发学生的创造力和创新思维。这不仅能够加深学生对知识的理解和掌握，还能有效提升学生的综合素质和未来职场竞争力。

致读者：

学习 Java 编程是一段既充满挑战又极具成就感的旅程。在这段旅程中，耐心与坚持是你的最佳伙伴。请记住，每个伟大的程序员都是从一行行简单的代码开始的。《Java 编程基础》愿做你的第一块基石，伴随你一步步构建起属于自己的编程世界。让我们一起开启这段探索之旅，共同见证 Java 如何成为连接现实与数字梦想的桥梁。现在，就让我们携手启航，一起步入 Java 的精彩世界吧！

编　者

目 录

项 目 1

搭建Java开发环境

【项目导入】

本项目主要讲述 Java 语言概况、Java 语言特性以及 Java 开发环境的搭建方法，在了解 Java 语言的基础上，认识实际生产中的 Java 开发工具，掌握 Java 开发环境的搭建方法，独立完成第一个 Java 程序的编写与运行。

【项目目标】

（1）了解 Java 语言概况。

（2）了解 Java 语言特性。

（3）认识 Java 开发工具。

（4）掌握 Java 开发环境的搭建方法。

（5）独立完成第一个 Java 程序的编写与运行。

【素质目标】

（1）树立规范、严谨的工作作风，培养基本的职业素质。

（2）了解行业发展动态。

任务 1 掌握 Java 基本知识

1.1.1 Java 语言简介

Java 是由 Sun Microsystems 公司于 1995 年 5 月正式发布的 Java 面向对象程序设计语言和 Java 平台的总称。Java 推出之后马上给互联网的交互式应用带来新的契机和发展机遇，常用的互联网浏览器基本都包括 Java 虚拟机，几乎所有操作系统都增加了 Java 编译程序。

Java 是一种编程语言，被特意设计用于互联网的分布式环境。Java 语言具有类似 C++语言的"形式和感觉"，但比 C++语言更易于使用，而且在编程时彻底采用了一种"以对象为导向"的方式。

使用 Java 语言编写的应用程序既可以在一台单独的计算机上运行，也可以被分布在一个网络的服务器端和客户端运行。另外，Java 语言还可以被用来编写容量很小的应用程序模块或者 Applet，作为网页的一部分使用。Applet 可以使网页使用者和网页进行交互式操作。

> **知识加油站**
>
> Applet 是一种采用 Java 语言编写的程序，通常被包含在 HTML 页面的〈applet〉和〈/applet〉标签中，浏览器负责下载执行，大大提高了 Web 页面的交互能力和动态执行能力。

1.1.2 Java 语言特性

1. Java 语言是面向对象的

Java 语言提供类、接口和继承等面向对象的特性。为了简单起见，Java 语言只支持类之间的单继承，但支持接口之间的多继承，并支持类与接口之间的实现机制（关键字为 implements）。Java 语言全面支持动态绑定，而 C++语言只对虚函数使用动态绑定。总之，Java 语言是纯粹的面向对象程序设计语言。

2. Java 语言是分布式的

Java 语言支持 Internet 应用开发，在基本的 Java 应用编程接口中有一个网络应用编程接口（java net），它提供了用于网络应用编程的类库，包括 URL、URLConnection、Socket、ServerSocket 等。Java 的 RMI（远程方法激活）机制也是开发分布式应用的重要手段。

3. Java 语言是健壮的

Java 语言的强类型机制、异常处理、垃圾的自动收集等是 Java 程序健壮性的重要保证。对指针的丢弃是 Java 语言的明智选择。Java 语言的安全检查机制使 Java 语言更具健壮性。

4. Java 语言是安全的

Java 语言通常被用在网络环境中，为此，Java 语言提供了一个安全机制以防恶意代码的攻击。Java 语言除了具有许多安全特性外，还对通过网络下载的类提供一个安全防范机制（类 ClassLoader），例如分配不同的名称空间以防替代本地的同名类、进行字节代码检查，并提供安全管理机制（类 SecurityManager）让 Java 应用设置安全哨兵。

5. Java 语言是可移植的

Java 语言的可移植性来源于体系结构的中立性。另外，Java 语言还严格规定了各个基本数据类型的长度。Java 系统本身也具有很强的可移植性，Java 编译器是用 Java 实现的，Java 的运行环境是用 ANSI C 实现的。

6. Java 语言是多线程的

在 Java 语言中，线程是一种特殊的对象，它必须由 Thread 类或其子（孙）类来创建。通常有两种方法创建线程：其一，使用型构为 Thread（Runnable）的构造子类将一个实现了 Runnable 接口的对象包装成一个线程；其二，从 Thread 类派生出子类并重写 run()方法，使用该子类创建的对象即线程。值得注意的是，Thread 类已经实现了 Runnable 接口，因此，任何一个线程均有它的 run()方法，而 run()方法中包含了线程所要运行的代码。线程的活动由一组方法来控制。Java 语言支持多个线程同时执行，并提供多线程之间的同步机制

（关键字为 synchronized）。

7. Java 语言是动态的

Java 语言的设计目标之一是适用于动态变化的环境。Java 程序需要的类能够动态地被载入运行环境，也可以通过网络来载入所需要的类。这也有利于软件的升级。另外，Java 语言中的类有一个运行时刻的表示，能进行运行时刻的类型检查。

任务 2 掌握 Java 开发工具

1.2.1 Visual Studio Code

1. Visual Studio Code 简介

Visual Studio Code（简称 VS Code）是微软公司在 2015 年 4 月 30 日 Build 开发者大会上正式宣布的一个运行于 macOS X、Windows 和 Linux 之上的，用于编写现代 Web 和云应用的跨平台源代码编辑器，它可在桌面上运行，并且可用于 Windows、macOS X 和 Linux。Visual Studio Code 具有对 JavaScript、TypeScript 和 Node.js 的内置支持，并具有丰富的其他语言（例如 C++、C#、Java、Python、PHP、Go）和运行时（例如 .NET 和 Unity）扩展的生态系统。

这标志着微软公司第一次向开发者们提供了一款真正的跨平台编辑器。虽然完整版的 Visual Studio Code 仍然只能运行在 Windows 和 macOS X 之上，但是它展示了微软公司对于支持其他计算机平台的承诺。

Visual Studio Code 图标如图 1-1 所示。

图 1-1 Visual Studio Code 图标

2. Visual Studio Code 特性

1）设置到云的自动部署

Visual Studio Code 通过部署到 Azure 扩展，使用 GitHub Actions 或 Azure Pipelines 设置从应用到云的持续集成和持续交付（CI/CD）。Visual Studio Code 使用扩展内置的自动化工作流，可以轻松创建目标为 Azure 应用服务、Azure Functions 或 Azure Kubernetes 服务（AKS）的 CI/CD 管道。

2) 添加和管理数据

Visual Studio Code 使用内置的 MongoDB 和 IntelliSense 轻松管理应用的数据。Visual Studio Code 连接到本地或远程 MongoDB 服务器，并管理数据库、集合和文档，或将它们托管在具有 Azure Cosmos DB 免费层的云中。

3) 轻松协作

Visual Studio Code 无须改变与他人合作的方式，无论他们是同一个房间中的队友还是世界各地从事开放源代码项目的开发人员。Visual Studio Code 使用 GitHub Pull Requests and Issues 扩展将来自 GitHub 的拉取请求和问题引入编辑器，或者使用 Live Share 扩展实时协作编辑、调试和应用共享，以进行配对编程或代码审查。

1.2.2 eclipse

1. eclipse 简介

eclipse 是著名的跨平台的自由集成开发环境（IDE）。eclipse 最初主要用于 Java 语言开发，但是目前也有人通过插件将其作为其他计算机语言（例如 C++和 Python）的开发工具。

eclipse 本身只是一个框架平台，但是众多插件的支持使 eclipse 拥有其他功能相对固定的 IDE 软件很难具有的灵活性。许多软件开发商以 Eclipse 为框架开发自己的 IDE。eclipse 最初是由 IBM 公司开发的替代商业软件 Visual Age for Java 的下一代 IDE，在 2001 年 11 月被贡献给开源社区，现在由非营利软件供应商联盟 Eclipse 基金会（Eclipse Foundation）管理。从 2018 年 9 月起，eclipse 每隔 3 个月更新一次版本。

eclipse 图标如图 1-2 所示。

图 1-2　eclipse 图标

2. eclipse 特性

1) 丰富的插件功能

eclipse 的设计思想是"一切皆为插件"。eclipse 的核心非常小，其他功能都是基于此核心的插件来支持的，例如 eclipse 的图形 API（称为 SWT/JFace）、Java 开发环境插件（简称 JDT）、插件开发环境（简称 PDE）等。eclipse 对这些插件提供了良好的支持，不仅安装简单，而且无缝对接。

2）通用性工具平台

eclipse 是一个普遍适用的开放式扩展 IDE。所谓普遍适用，就是它不仅可以用于开发 Java 程序，还可以用于开发 C/C++、PHP、Ruby、Python 等程序。

1.2.3　IDEA

1. IDEA 简介

IDEA（IntelliJ IDEA 的简称）是 Java 语言的 IDE。IDEA 在业界被公认为最好的 Java 开发工具，尤其在智能代码助手、代码自动提示、重构、JavaEE 支持、各类版本工具（git、SVN 等）、JUnit、CVS 整合、代码分析、创新的 GUI 设计等方面的功能可以说是超常的。IDEA 是 JetBrains 公司的产品，这家公司总部位于捷克共和国的首都布拉格，开发人员以严谨著称的东欧程序员为主。它的旗舰版还支持 HTML、CSS、PHP、MySQL、Python 等。其免费版只支持 Java、Kotlin 等少数语言。

IDEA 图标如图 1-3 所示。

图 1-3　IDEA 图标

2. IDEA 特性

1）方便科学的版本控制

IDEA 集成了市面上常见的所有版本控制工具插件，包括 git、SVN、Github，开发人员在编程时直接在 IntelliJ IDEA 中就能完成代码的提交、检出，冲突解决，版本控制服务器内容查看等。

2）丰富的预置模板

开发人员可以把经常用到的方法编辑到预置模板中，使用时只需输入简单的几个字母就可以完成全部代码的编写。例如，可以在预置模板中预设 pm 为使用率比较高的 public static void main(String[ ]args){}方法，只要输入 pm 再按代码辅助键，IDEA 就会完成代码的自动输入。

3）导航到重复项

此功能有助于发现程序中的冗余，并以下划线的形式标注出来。例如，该功能会提示开发人员已经两次声明了同一个变量。因此，开发人员无须手动查找各种冗余。

1. 2. 4 NetBeans

1. NetBeans 简介

NetBeans 是 Sun 公司（在 2009 年被甲骨文公司收购）在 2000 年创立的开源软件开发集成环境，旨在构建世界级的 Java IDE。NetBeans 当前可以在 Solaris、Windows、Linux 和 macOS X 平台上进行开发，并在 SPL（Sun 公用许可）范围内使用。

NetBeans 包括开源的开发环境和应用平台，NetBeans IDE 可以使开发人员利用 Java 平台快速创建 Web、企业、桌面以及移动级应用程序。NetBeans IDE 已经支持 PHP、Ruby、JavaScript、Groovy、Grails 和 C/C++等开发语言。

NetBeans 图标如图 1-4 所示。

图 1-4   NetBeans 图标

2. NetBeans 特性

1）具有 SmartReader 功能

大多数 IDE 的纠错功能往往令人无比困惑，但是 NetBeans 的 SmartReader 功能则不然。该功能会自动检测代码中的错误，并推送各种有益于调试的建议。此外，NetBeans 还配备了一个适合各种硬件的轻量级文本编辑器。

2）内置 Maven 支持

NetBeans 非常适合那些希望在项目中使用 Maven 的开发人员。由于 NetBeans 自带针对 Maven 的内置支持，所以开发人员不必从其他来源手动导入 Maven。

3）支持最新的 Java 技术

NetBeans 的强大之处在于其精心设计的功能集。它通过支持 Java 的所有高级特性和方法，大幅简化了平台开发过程。同时，NetBeans 自带代码编辑器、分析器和代码转换器等多种工具。

4）支持多种语言

虽然 NetBeans 主要专注于 Java 开发，但是完全可以将其用于其他编程语言。NetBeans 既可以支持 JSP、JavaScript、HTML 以及 XML 等客户端语言，又能够为服务器端提供 C、C++和 PHP 等语言支持。

5）易于使用

NetBeans 不仅具有友好的用户界面，而且具有较强的环境适应能力，这对于入门编程人员十分重要。同时，NetBeans 拥有响应迅速的社区支持，可以随时查看自身的问题，并能方便快捷地找到需要的解决方法。

任务 3　掌握 Java 开发环境搭建方法

1. 3. 1　Windows 系统 Java 开发环境搭建

【需求分析】

项目团队现在需要在一台全新的装有 Windows 系统的计算机上搭建 Java 开发环境，以确保 Java 程序能在这台计算机上正常编译和运行。

【需求难点】

（1）由于系统版本差异，各个变量的配置存在区别。

（2）需要测试环境变量配置是否成功。

【步骤】

（1）在 Oracle 官网下载 JDK，链接地址为 https://www.oracle.com/java/technologies/downloads/（图 1-5）。

Linux	macOS	Solaris	**Windows**		
Product/file description			File size		Download
x86 Installer			161.54 MB		🔒 jdk-8u351-windows-i586.exe
x64 Installer			175.54 MB		🔒 jdk-8u351-windows-x64.exe

图 1-5　下载 Windows 版 JDK

（2）选择路径安装 JDK。

（3）进入计算机系统属性界面，单击"高级系统设置"链接，找开"系统属性"对话框，在"高级"选项卡中单击"环境变量"按钮。

（4）配置系统变量 JAVA_HOME 、CLASSPATH，以及环境变量 Path（图 1-6~图 1-8）。

变量名：JAVA_HOME。

变量值：C:\Program Files\Java\jdk1. 8. 0_333。

变量名：CLASSPATH。

变量值：. ;%JAVA_HOME%\lib\dt. jar;%JAVA_HOME%\lib\tools. jar。

变量名：Path。

变量值：%JAVA_HOME%\bin。

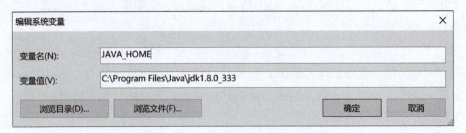

图 1-6　配置系统变量 JAVA_HOME 示意

图 1-7　配置系统变量 CLASSPATH 示意

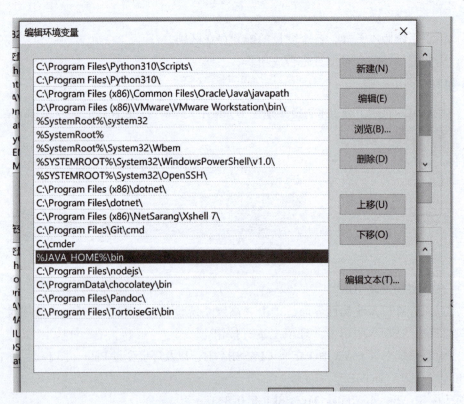

图 1-8　配置 JDK 的 bin 目录

注：jdk1.8.0_333 为 JDK 的版本号

（5）测试环境变量配置是否成功。按"Win+R"组合键，桌面左下角弹出"运行"窗口，输入"cmd"，再按 Enter 键；弹出命令行窗口，依次输入"javac""java""java-version"，出现图 1-9 所示结果，说明 JDK 安装完成，环境变量配置成功。

图 1-9　测试环境变量配置成功

1.3.2　Linux 系统 Java 开发环境搭建

【需求分析】

在实际生产中 Java 项目开发完成后一般部署到 Linux 系统中运行，项目团队现在需要在一台装有 Linux 系统的计算机上搭建 Java 开发环境。

【需求难点】

（1）在 Linux 系统中安装 Java 开发环境需要执行操作命令。

（2）Linux 系统中 JDK 的环境变量配置相对于 Windows 系统中的环境变量配置较复杂。

【步骤】

（1）在 Oracle 官网下载 JDK，链接地址为 https://www.oracle.com/java/technologies/downloads/（图 1-10）。

（2）执行命令"tar-zxvf jdkxxxxxxx-C/software/"，将下载的 JDK 解压到指定目录下（图 1-11）。

（3）进入目录"/etc/profile.d"，执行命令"vi java.sh"配置 JDK 环境变量（图 1-12）。

（4）测试 Linux 系统中的 JDK 是否配置成功，输入命令"java-version"，出现图 1-13 所示结果，表示环境变量配置成功。

Linux	macOS	Solaris	Windows		
Product/file description		File size			Download
ARM 64 RPM Package		59.32 MB			🔒 jdk-8u351-linux-aarch64.rpm
ARM 64 Compressed Archive		71.07 MB			🔒 jdk-8u351-linux-aarch64.tar.gz
ARM 32 Hard Float ABI		73.78 MB			🔒 jdk-8u351-linux-arm32-vfp-hflt.tar.gz
x86 RPM Package		114.52 MB			🔒 jdk-8u351-linux-i586.rpm
x86 Compressed Archive		145.58 MB			🔒 jdk-8u351-linux-i586.tar.gz
x64 RPM Package		112.11 MB			🔒 jdk-8u351-linux-x64.rpm
x64 Compressed Archive		142.76 MB			🔒 jdk-8u351-linux-x64.tar.gz

图 1-10 下载 Linux 版本 JDK

```
[root@master01 ~]# cd /software/java
[root@master01 java]# ls
jdk1.8
[root@master01 java]#
```

图 1-11 解压 JDK 到指定目录下

```
export JAVA_HOME=/software/java/jdk1.8
export JRE_HOME=${JAVA_HOME}/jre
export CLASSPATH=.:${JAVE_HOME}/lib:${JRE_HOME}/lib:$CLASSPATH
export JAVA_PATH=${JAVA_HOME}/bin:${JRE_HOME}/bin
export PATH=$PATH:${JAVA_PATH}
~
```

图 1-12 配置 JDK 环境变量

```
[root@master01 ~]# java -version
java version "1.8.0_65"
Java(TM) SE Runtime Environment (build 1.8.0_65-b17)
Java HotSpot(TM) 64-Bit Server VM (build 25.65-b01, mixed mode)
[root@master01 ~]#
```

图 1-13 测试环境变量配置成功

任务 4 编写第一个 Java 程序

1.4.1 Java 程序运行机制

Java 程序运行时，必须经过编译和运行两个步骤。首先对后缀名为".java"的源文件进行编译，生成后缀名为".class"的字节码文件；然后 Java 虚拟机将编译好的字节码文件加载到内存。这个过程称为类加载，由类加载器完成。Java 虚拟机针对加载到内存中的 Java 类进行解释执行，输出运行结果。

Java 虚拟机一般在各个平台（如 Windows、Linux）上提供软件实现，它是一个抽象的软件层，对上层 Java 代码来说它屏蔽了下层实现，这样做的意义是一旦一个程序被编译成 Java 字节码，它便可以在不同平台的 Java 虚拟机上运行，这就是 Java 的跨平台特性。不同系统安装不同版本 Java 虚拟机示意如图 1-14 所示。

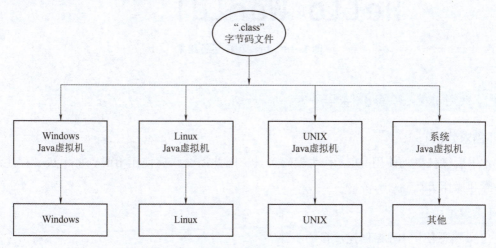

图 1-14 不同系统安装不同版本 Java 虚拟机示意

Java 虚拟机提供了一个托管环境，这个托管环境可以替人们处理一些代码中冗长且容易出错的部分，例如最常见的就是 Java 虚拟机的内存管理和垃圾回收，无须像 C++ 等语言那样需要人工处理。

1.4.2 使用文本文档编写 Java 程序

【需求分析】

使用计算机系统自带的文本文档编写一个 Java 程序，并成功运行。

【需求难点】

（1）理解 Java 程序运行过程和原理。

（2）注意 Java 代码编写不能出现错误。

（3）注意文本文档的命名和文件后缀。

【步骤】

（1）创建并打开一个文本文档，并输入如下代码。

```java
public class HelloWorld {
    public static void main(String[] args) {
        System.out.println("Hello World!");
    }
}
```

（2）保存并关闭文本文档，并修改文本文档的名称为"HelloWorld. java"。

（3）在命令行工具（按"Win+R"组合键，输入"cmd"，单击"确定"按钮）中，使用"javac HelloWorld. java"编译 Java 文件。

（4）在命令行工具中使用"java HelloWorld"命令运行 Java 程序，运行结果如图 1-15 所示。

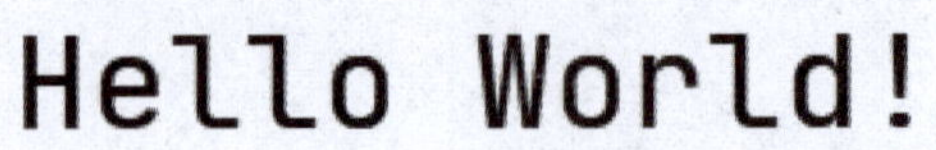

Hello World!

图 1-15 Java 程序运行结果

1.4.3 使用 IDEA 编写 Java 程序

【需求分析】

本书后续任务均使用 IDEA 作为编码工具，因此需要掌握使用 IDEA 进行 Java 程序编写的步骤和操作方法。

【需求难点】

（1）熟悉使用 IDEA 创建项目的步骤。

（2）理解创建 Directory 的作用。

（3）注意 Java 代码编写不能出现错误。

【步骤】

（1）在磁盘 D 新建一个路径用来存放 Java 程序代码。

（2）打开 IDEA，选择"新建项目"→"空项目"选项，设置项目名称为"HelloWorld"，单击"创建"按钮（图 1-16）。

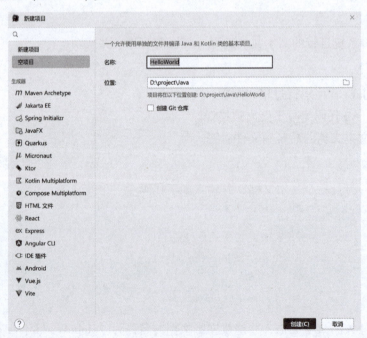

图 1-16 新建项目

（3）创建好空项目之后，需要在项目下新建一个"src"目录用于存放 Java 源代码。用鼠标右键单击项目名称，选择"New"→"Directory"选项（图 1-17）。

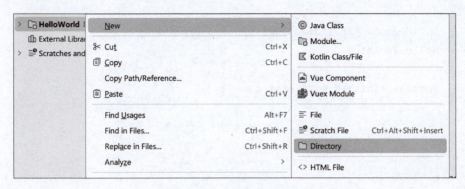

图 1-17 选择项目类别

（4）创建好 Directory 之后，用鼠标右键单击新建的"src"目录，选择"Make Directory as"→"Sources Root"选项，把"src"目录标记为 Java 源代码根路径（"src"变为蓝色）。在"src"目录上单击鼠标右键，选择"New"→"Java Class"选项，输入"HelloWorld"（图 1-18）。

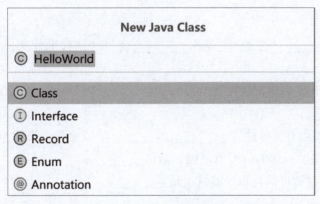

图 1-18 创建新的类

（5）在新建的 Java 类中输入图 1-19 所示代码。

```java
public class HelloWorld {
no usages
public static void main(String[] args) {
    System.out.println("Hello World!");
}

}
```

图 1-19 代码展示

（6）在文件中的任意位置单击鼠标右键，在弹出的快捷菜单中选择"Run HelloWorld. main()"选项，最终在 IDEA 下方控制台输出图 1-20 所示内容。

```
"C:\Program Files\Java\jdk1.8.0_333\bin\java.exe" ...
Hello World!

Process finished with exit code 0
```

图 1-20　Java 程序运行结果

【项目小结】

本项目首先介绍了 Java 语言概况、Java 语言特性和 Java 开发工具；其次介绍了 Java 运行机制和 Windows 系统及 Linux 系统中 Java 开发环境的搭建方法；然后带领读者编写了一个简单的 Java 程序；最后为读者介绍了 IDEA 这种主流的 Java 开发工具。通过学习本章的内容，读者能够对 Java 语言有一个基本的认识，为后续学习 Java 知识奠定基础。

【技能强化】

一、填空题

1. Java 是一种_____语言，它是由_____公司（已被甲骨文公司收购）开发的高级程序设计语言。

2. 针对不同的开发市场，SUN 公司将 Java 划分为 3 个技术平台，它们分别是_____、_____和_____。

3. Java 语言的特点有简单性、_____、_____、安全性、支持_____和分布式。

4. SUN 公司提供了一套 Java 开发环境，简称_____。

5. 在 JDK 中，存放可执行程序的目录是_____。

二、判断题

1. Java 是在 1995 年 5 月正式发布的。　　　　　　　　　　　　　　　　　（　　）

2. JRE 中包含了 Java 基本类库、Java 虚拟机和开发工具。　　　　　　　　（　　）

3. 编译 Java 程序需要使用 Java 命令。　　　　　　　　　　　　　　　　　（　　）

4. Java 中的包是专门用来存放类的，通常功能相同的类存放在相同的包中。　（　　）

5. 在 IDEA 开发工具 Dubug 模式下不进入函数内部的单步调试快捷键是 F7。（　　）

三、选择题

1. Java 属于哪种语言？（　　　）

A. 机器语言　　　　　　B. 汇编语言　　　　　　C. 高级语言　　　　　　D. 以上都不对

2. Java 语言的特点包括（　　　）。（多选）

A. 简单性　　　　　　B. 面向对象　　　　　　C. 跨平台性　　　　　　D. 支持多线程

3. 在 JDK 的"bin"目录下有许多".exe"可执行文件，其中"java.exe"命令的作用是（   ）。

A. Java 文档制作工具

B. Java 解释器

C. Java 编译器

D. Java 启动器

4. 在 IDEA 开发工具 Dubug 模式下进入函数内部的单步调试快捷键是（   ）。

A. F7　　　　　　　　B. F8　　　　　　　　C. Shift+F7　　　　　D. Shift+F8

5. 下面哪种类型的文件可以在 Java 虚拟机中运行？（   ）

A. ". java"　　　　　B. ". jre"　　　　　　C. ". exe"　　　　　　D. ". class"

四、简答题

1. 简述 Java 语言的特点。

2. 简述 Java 的运行机制。

五、编程题

1. 在 Windows 平台搭建 Java 开发环境并测试。

2. 使用文本文档编写一个进行自我介绍的 Java 程序，在命令行窗口编译运行，并打印输出自我介绍的内容。

3. 使用 IDEA 编辑器编写进行自我介绍的 Java 程序，并打印输出自我介绍的内容。

项目2

实现超市促销管理系统（一）

【项目导入】

本项目旨在构建一个超市促销管理系统，以高效管理商品信息。该系统具有强大的存储和处理功能，能够精确计算商品总价和折扣后的价格，并在控制台展示信息。该系统通过友好的用户界面，方便用户准确无误地输入和查看信息。

【项目目标】

（1）了解 Java 基本语法结构。
（2）掌握 Java 变量的使用。
（3）掌握 Java 常量的使用。
（4）掌握 Java 常用运算符。
（5）独立完成超市促销管理系统程序的编写与运行。

【素质目标】

（1）树立社会主义责任心，培养良好的编程习惯。
（2）具有爱岗敬业的职业道德。

任务1 掌握 Java 基础语法

2.1.1 Java 程序结构

搭建好 Java 开发环境后，即可以开发 Java 程序。在开发 Java 程序之前，首先要了解 Java 程序的基本结构。Java 程序的基本结构示意如图 2-1 所示。

图 2-1 所示 Java 程序的作用是向控制台输出"欢迎进入奇幻的编程世界……"，其结构由以下几个部分组成。

```
/*
 * FirstClass 类名
 */
public class FirstClass {
    //程序的主入口
    public static void main(String[] args) {
        System.out.println("欢迎进入奇幻的编程世界……");
    }
}
```

图 2-1　Java 程序的基本结构示意

1. 类

```
public class FirstClass {}
```

其中，FirstClass 为类的名称。类名前面的 public 和 class 是两个关键字，它们的先后顺序不能改变，中间要用空格分隔。类名后面要跟一对大括号，所有属于该类的代码都放在大括号内。

> **知识加油站**
>
> 类的名称要有意义，建议使用英文，规范的写法是类名中每个单词的首字母大写，并且其必须与程序文件的名称完全相同。

2. Java 程序的主方法

```
public static void main(String[] args) {}
```

在 Java 程序结构中，main()方法是 Java 程序的主方法，它是 Java 程序的入口，Java 程序从 main()方法开始执行，没有 main()方法，计算机就不知从何处开始执行 Java 程序，这类似在火车站乘车时，必须从规定的进站口进入。当然，在一个 Java 项目中，一般只有一个 main()方法，但在后续的学习中，每个类中都会有 main()方法。这是由于目前处于学习的初级阶段，所以每个文件都是单独的，而在真正的 Java 项目中，只有一个 main()方法，它是 Java 项目启动的源头。在编写 main()方法时，必须按照其格式编写，Java 程序要执行的代码都放在 main()方法的大括号内。

注意：每个 Java 程序有且只能有一个 main()方法。

3. 方法内的执行代码

```
System.out.println("欢迎进入奇幻的编程世界……");
```

这一行代码的作用是向控制台输出括号中的内容。本代码输出"欢迎进入奇妙的编程世界!"，即英文双引号内的文字。使用代码 System. out. println() 可以实现向控制台输出信息，将输出的信息放入英文双引号内即可。

4. 注释

在编写 Java 程序的过程中，经常需要在代码中添加注释以增加程序的可读性，方便程序的维护。这类似为某段程序加入一个说明备注，让其他人能够快速看懂这段程序。这是一项必不可少的工作，因此需要养成良好的注释习惯。Java 中常用的注释有两种方式。

（1）单行注释，以"//"开头，从"//"开始后的文字都被视为注释（图2-2）。

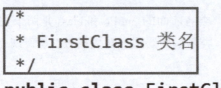

```
//程序的主入口
public static void main(String[] args) {
```

图 2-2　单行注释

（2）多行注释，以"/*"开头，以"*/"结尾，在"/*"和"*/"之间的内容都被视为注释（图2-3）。注释的文字较多，需要占用多行时，可以使用多行注释。

```
/*
 * FirstClass 类名
 */
public class FirstClass {
```

图 2-3　多行注释

知识加油站

在编写代码的过程中，如果需要使某一行代码或者多行代码失效，可以在选中相关行以后，使用以下快捷键使所选代码通过单行注释或者多行注释的方式失效。

（1）单行注释：Ctrl+"/"。

（2）多行注释：Ctrl+Shift+"/"。

2.1.2　Java 编程规范与常见问题

1. Java 编程规范

为了增强 Java 程序的可读性，不仅要在 Java 程序中添加必要的注释，还要注重 Java 编程规范，这样可以减小 Java 程序的维护开销。具有良好的编程习规是一名优秀软件工程师的基本素质。Java 编程规范的具体要求如下。

（1）每一行只写一条语句。

（2）用"{}"括起来的部分通常表示 Java 程序的某一层次结构。"{"一般放在该结构的开始行代码的末尾，"}"与该结构的第一个字母对齐，并单独占一行。

（3）低一层的语句应该在高一层的语句下缩进若干个空格后书写，这样可以使 Java 程序结构更加清晰，增强 Java 程序的可读性。

（4）类名中单词的第一个首字母大写。

2. Java 编程常见问题

在编写 Java 程序时，经常会出现一些错误，导致 Java 程序无法编译通过。Java 编程常见问题如下。

（1）Java 语言区分大小写，例如 "public" 与 "Public" 是不同的。

（2）每条语句都必须以 ";" 结束，例如 "System. out. println（"你好!"）;"。

（3）Java 程序中的标点符号均为英文输入状态，语句以中文分号结束会导致 Java 程序出错。

任务 2　掌握 Java 中的变量保存商品信息

2. 2. 1　变量

1. 变量的概念

在计算机中，将用于存储程序执行过程中产生的临时数据的空间称为"内存"，这类似将商品货架分成若干个格子来存放商品。内存与商品货架的对照关系如图 2-4 所示。

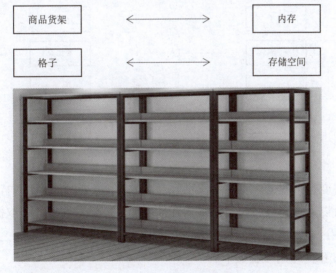

图 2-4　内存与商品货架的对照关系

当需要在货架中存储商品时，仓库管理人员会先询问需要存储的商品是何种类型，然后根据商品的类型为其安排一个合适的格子，最后将商品放入相应的格子。同理，在计算机中，首先根据数据的类型为其在内存中分配一块存储空间，然后数据即可存放在这块存储空间中。

一块存储空间只能存储一个数据，新的数据将覆盖原有数据，此时存储空间将存储运算之后的结果。内存中数据存储的过程如图 2-5 所示。

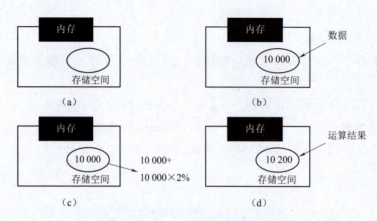

图 2-5　内存中数据存储的过程

在商品货架中，人们可以通过商品货架中的格子编号找到指定的商品，那么在计算机中应该如何访问内存中指定的存储空间呢？通常可以根据内存地址找到存储空间在内存中的位置，进而可以存取其中的数据。但是，内存地址使用起来非常复杂，因此人们引入了"变量"的概念，并为变量设置名称，可以通过变量名访问指定的存储空间，完成对数据的存取操作。变量与格子的对照关系如图 2-6 所示。

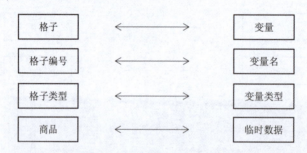

图 2-6　变量与格子的对照关系

因此，可以将变量理解为内存中一段已经命名的存储空间，它拥有自己的名称，这个名称就是变量名。可以通过变量名访问指定的存储空间，完成对数据的存取操作。

2. 变量的使用

在 Java 中，变量的使用步骤如下。

（1）声明变量：根据所存储的数据类型，为变量申请存储空间。

（2）赋值：将数据存储至变量中。

（3）使用变量：使用变量中的数据。

接下来使用示例详细介绍变量的使用。现需要在变量中存储商品的数量，并在控制台输出商品的数量，示例代码如下。

```
public class VarExample {
    public static void main(String[] args) {
```

```
        int num;      //声明变量,存储商品的数量
        num=20;    //为变量赋值
        System.out.println(num);  //输出变量的值
    }
}
```

1）声明变量

要使用变量，首先需要声明变量。变量的声明语法如下：

```
数据类型 变量名;
```

其中的数据类型可以是 Java 定义的任意一种数据类型（数据类型后续讲解，int 属于常用的数据类型中的一种）。

例如，声明变量来存储商品的数量。声明变量的代码如下。

```
int num;      //声明变量,存储商品的数量
```

在 Java 中可以同时声明多个相同类型的变量，需要使用英文逗号对这些变量进行分隔，代码如下。

```
int num1,num2,num3;
```

2）变量的命名规则

在声明变量时，需要为变量命名。变量名属于 Java 中的标识符，必须满足标识符的命名规则，具体如下。

（1）标识符必须以字母、下划线 "_" 或 "$" 符号开头。

（2）标识符可以包括数字，但不能以数字开头。

（3）除了 "_" 和 "$" 符号外，标识符不能包括任何特殊字符。

（4）不能使用 Java 中的关键字，例如 int、class、public 以及 static 等。

声明变量时除了要满足以上规则以外，还需要注意以下问题。

（1）Java 中的变量名区分大小写，例如 price 和 Price 是两个不同的变量。

（2）Java 关键字是在 Java 中定义的、有特别意义的标识符，例如 public、int、boolean、void、char、package、double 以及 static 等。随着学习的深入，会接触越来越多的 Java 关键字。Java 关键字不能用作变量名、类名以及包名等。

（3）变量名在同一程序块中不能重复。

（4）变量名应该使用一些有意义的单词。例如定义一个变量存储商品名称，可以使用 goodName 作为变量名。变量名在不违反命名规则的前提下，还应能简短且清楚地表明变量的作用。可以由一个或多个单词组合而成，通常第一个单词的首字母小写，其后单词的首字母大写。例如：

```
int goodType;//商品类型变量
int goodPrice;//商品价格变量
```

3）变量的赋值

变量的赋值是将数据存储至对应的变量空间中，即将数据的值存储到变量中，在程序中直接给定数据的语法如下。

```
变量名 = 值；
```

例如：

```
num = 98;// 将"="右侧的"98"存储到"="左侧名为 num 的变量中
goodType = "酱油";// 存储"酱油"
goodPrice = 15.6;// 存储 15.6
```

声明变量和为变量赋值这两个步骤可以合并，即在声明变量的同时为该变量赋值，其语法如下：

```
数据类型 变量名 = 数据；
```

例如：

```
int num = 17;
double price = 99.9;
```

4）变量的访问

通过变量名即可访问变量存储的值，"变量的访问"也可以叫作"变量的调用"。变量的访问可以放在"="后面的表达式中，也可以打印输出。例如：

```
System.out.println(num);// 输出变量 num 存储的值
System.out.println(price);// 输出变量 price 存储的值
```

在访问变量时需要注意下列几个问题。

（1）未经声明的变量不能使用，示例代码如下。

```
public class VarExample {
    public static void main(String[] args) {
        age = 20;// 编译报错,变量没有声明
        System.out.println(age);
    }
}
```

（2）变量初始化后才能使用，示例代码如下。

```
public class VarExample {
    public static void main(String[] args) {
        int age;
        System.out.println(age);// 编译报错,变量没有初始化,不能访问
    }
}
```

（3）一条语句中可以声明多个变量，示例代码如下。

```
public class VarExample {
    public static void main(String[] args) {
        int age1,age2,age3;//声明三个相同类型的变量,分别为 age1,age2,age3
int age3 = 20,age4 = 40;//声明 age3 存储 20,age4 存储 40
    }
}
```

（4）可以对变量中的值进行存取操作，示例代码如下。

```
public class VarExample {
    public static void main(String[] args) {
        int age = 20;
        age = age+1;//获取 age 变量的值进行加法运算,将运算结果赋回变量 age
System.out.println(age);
    }
}
```

（5）变量的操作必须与类型匹配，示例代码如下。

```
public class VarExample {
    public static void main(String[] args) {
        int age = 20.5;//编译报错,age 为整数类型,不能存放小数
    }
}
```

2.2.2　数据类型

现实中信息的种类的多种多样，示例如下。

商品名称："酱油""苹果""锅"。

商品编码："6901234567891""2501234567899""9901234567822"。

商品价格：9.9 元、15.6 元、88.88 元。

商品数量：100 瓶、211 个、300 个。

生产日期："2000-2-2, 11：11：12""2023-11-11, 12：12：12""2022-3-3, 13：13：10"。

是否有货："有""无"。

在计算机中，所有信息的表现形式都是数据。为了能够在计算机中表示现实中的各种信息，Java 设计了各种数据类型对应现实中的各种信息。

在 Java 中，共有 8 种基本数据类型，见表 2-1。

表 2-1　Java 中的基本数据类型

数据类型	含义	取值范围
byte	整数，占用 1 个字节	−128 ~ 127
short	短整数，占用 2 个字节	−32 768 ~ 32 767
int	整数，占用 4 个字节	−2^{31} ~ 2^{31}−1
long	长整数，占用 8 个字节	−2^{63} ~ 2^{63}−1
float	单精度浮点数，占用 4 个字节	−3.4E38 ~ 3.4E38
double	双精度浮点数，占用 8 个字节	−1.7E308 ~ 1.7E308
char	字符，占用 2 个字节	0 ~ 65 536
boolean	布尔值，占用 1 个字节	true 或 false

表 2-1 中的数据类型可以分为四大类。

1. 整数类型

byte、int、short 以及 long 均为整数类型。整数类型用于表示没有小数部分的数值，它允许是负数，它们的区别在于取值范围不同，长整型数值有一个后缀 L（如 3000000000L）。整数类型中最常用的是 int 类型。

例如：

```
int num1 = 100;
```

2. 浮点类型

浮点类型表示有小数部分的数值，double 类型表示的数值精度是 float 类型的 2 倍，称为双精度浮点型。在很多情况下，float 类型的精度很难满足需求，大多数应用程序中均采用 double 类型。float 类型的数值有一个后缀 F（如 3.14F），没有后缀 F 的浮点数（如 3.14）默认为 double 类型。

例如：

```
double price1 = 88.88;
float price2 = 9.99F;
```

3. 字符类型

字符类型用于表示单个字符，通常用于表示字符常量，如 'A'、'爱'，使用 char 表示的字符值都必须包含于英文的单引号中。

例如：

```
char activity = '是';
```

4. 布尔类型

布尔类型的变量有两个取值——true 和 false，用于判定逻辑条件的真或假。

例如：

```
boolean flag = true;
```

除了上述 8 种基本数据类型外，生活中还有一种运用广泛的数据类型，如人的姓名和地址等，它们通常由多个字符组成。Java 将由多个字符组成的字符序列称为字符串，如"我爱你们""I love you"。字符串类型也称为 String 类型，其表示的若干个字符序列必须包含于英文双引号内。

例如：

```
String goodName="酱油";
```

知识加油站

在选择使用何种数据类型时，需要根据存储的数据来确定，存储不同的数据需要的内存空间各不相同。例如：int 类型占用 4 个字节，而 long 类型占用 8 个字节。以此，不同类型的数据需要不同大小的内存来存储。如果存储的数据很小，一般选择较小的数据类型变量来存储，以节约内存空间。

2.2.3 控制台的输入/输出

1. 控制台的输入

控制台的输入方法有多种，常用的一种是使用 Scanner。在 Java 学习的前期，只需要掌握它怎么使用，在后期学习了面向对象和流的概念后会对它有更深入的认识。Scanner 的使用步骤如下。

（1）导入 Scanner 类。在使用 Scanner 获取用户输入的数据前，需要先导入 Scanner 类，代码如下。

```
import java.util.Scanner;//该代码必须放在 package 代码和类定义的代码中间
```

（2）创建 Scanner 对象，代码如下。

```
Scanner sc=new Scanner(System.in);
```

（3）获取用户输入的数据，代码如下。

```
int age=sc.nextInt();//获取用户输入的数后为变量 age 赋值
```

（4）对获取的数据进行处理。

接收控制台输入的姓名，并在控制台打印输出，示例代码如下。

```
import java.util.Scanner;//导入 Scanner 类到当前程序
public class ScannerDemo {
    public static void main(String[] args) {
        Scanner sc=new Scanner(System.in);//创建 Scanner 对象
        System.out.println("请输入商品名称:");//提示用户输入商品名称
        String goodName=sc.next();//获取输入的字符串并保存在 goodName 变量中
        System.out.println("您输入的商品名称:"+goodName);//打印输出
    }
}
```

示例代码运行结果如图 2-7 所示。

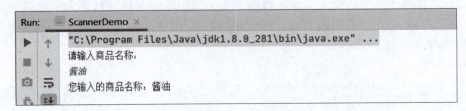

图 2-7　示例代码运行结果

知识加油站

　　为了提供更好的用户体验，在使用 sc.next( ) 获取用户数据之前，应提示用户输入数据。

　　sc.next( ) 系列代码都是阻塞式代码，如果用户不输入数据，则程序一直停止在获取用户数据代码行，不会继续执行后续代码，直到用户输入数据为止。

　　在上述示例中，仅获取了字符串类型的数据，在 Java 中，Scanner 除了可以获取字符串类型的数据外，还可以获取其他类型的数据，见表 2-2。

表 2-2　Scanner 的常用方法

方法	作用
next( )	获取用户输入的字符串型数据
nextInt( )	获取用户输入的整型数据
nextDouble( )	获取用户输入的 double 类型数据
nextBoolean( )	获取用户输入的布尔类型数据
nextShort( )	获取用户输入的短整型数据
nextFloat( )	获取用户输入的 float 类型数据
next( ).charAt(0)	获取用户输入的字符串的第一个字符

　　了解了 Scanner 的使用后，下面来看一个全面的示例，完整示例代码如下。

```java
import java.util.Scanner;
public class ProductScanning {
    public static void main(String[] args) {
        double price1 = 88.88;
        float price2 = 9.99F;
        char activity = '是';
        boolean flag = true;
        Scanner scanner = new Scanner(System.in);
        //输入商品的名称
```

```
        System.out.println("请输入商品的名称:");
        //接收从键盘输入的字符串,存储到 goodName 变量中
        String goodName="";scanner.next();
        System.out.println("请输入商品的价格:");
        //接收从键盘输入的实数,存储到 price 变量中
        double price=scanner.nextDouble();
        System.out.println("请输入商品是否打折(y是n否):");
        //接收从键盘输入的第一个字符,存储到 discount 变量中
        char discount=scanner.next().charAt(0);
        //在控制台打印输出商品信息
        System.out.println("商品信息如下:");
        System.out.println("--------------------------");
        System.out.println("名称:"+goodName);
        System.out.println("价格:"+price);
        System.out.println("是否打折:"+discount);
        System.out.println("--------------------------");
    }
}
```

示例代码运行结果如图 2-8 所示。

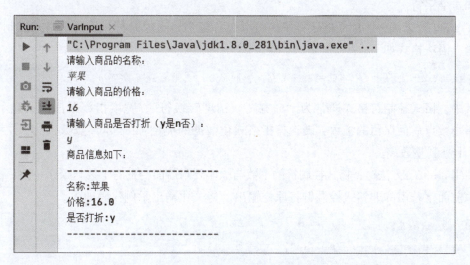

图 2-8 示例代码运行结果

知识加油站

　　赋值使用赋值运算符 "=" 完成，"=" 右边的数据类型必须与 "=" 左边变量声明的类型一致。

2. 控制台的输出

通过对变量的学习，已经知道程序中的临时数据都存储于变量中，那么如何将变量中存储的数据输出至控制台呢？Java 提供了两种方式将变量的值输出至控制台。

（1）使用 print() 或 println()方法，直接输出变量的值。代码如下。

```
System.out.println(num);
```

可以在变量前附加文字说明，然后使用连接字符串符号"+"，将文字说明字符串和变量的值连接起来。两个数字之间的"+"代表加法运算；但是，如果有字符串文本参与"+"运算，则"+"起连接作用。例如：

```
System.out.println("商品的数量是:"+num);
```

（2）使用 printf()方法，进行格式化输出。

使用 print() 或 println() 输出数据时无法控制输出数据的精度，在 Java 中可以通过 printf() 方法控制数据输出的精度。例如：

```
double pi = 3.1415926;
System.out.printf("%8.2f",pi);
输出为:3.14
```

上述代码表示变量 pi 可以输出 8 个字符的宽度和小数点后两位的精度，即打印出 4 个空格和 4 个字符。

在 printf()方法中，前面的字符串内可以包含多个格式控制符，后面是格式控制符对应的变量，语法格式如下。

```
System.out.printf("格式控制符1 格式控制符2…",变量1,变量2…);
```

其中，格式控制符格式通常为"%宽度.精度转换符"，宽度指数据占用的显示宽度，精度指小数点后面保留的位数，转换符指格式化数据的类型：f 表示浮点数，s 表示字符串，d 表示十进制整数。

使用 printf()方法时，格式控制符的个数与顺序要与后面变量的个数与顺序一致，printf()方法中前面字符串的非格式控制符将原样输出。格式化输出示例代码如下。

```
public class FormattedOutput {
    public static void main(String[] args) {
        String goodName = "酱油";
        double price = 1234.56789;
        System.out.printf("%s的价格是%10.2f元。",goodName,price);
    }
}
```

示例代码运行结果如图 2-9 所示。

图 2-9　示例代码运行结果

【需求分析】

超市准备开展"双 11 大促"活动，准备对所有商品打 9 折进行销售，以促进销售量的增长。超市促销管理系统需要存储折扣、优惠券、活动名称、当前时间、商品价格，商品总价、最终价格等信息。

【需求难点】

根据业务要求分析每项信息应该使用何种数据类型。

【步骤】

（1）使用 IDEA 创建项目"ch"。

选择"File"→"New"→"Project"选项打开创建项目界面（图 2-10）。

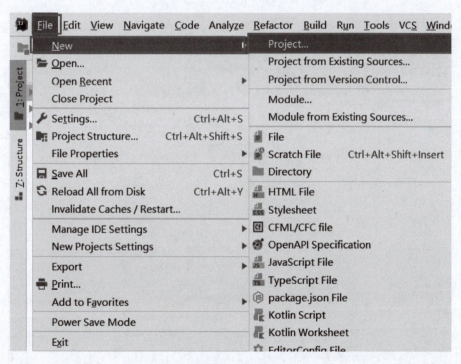

图 2-10　选择"Project"选项

创建简单的 Java 程序，选择创建"Java"类型项目，再单击"Next"按钮进行下一步操作（图 2-11）。

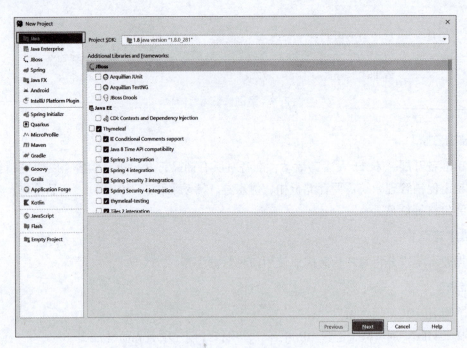

图 2-11 创建 "Java" 类型项目（1）

继续单击 "Next" 按钮进行下一步操作（图 2-12）。

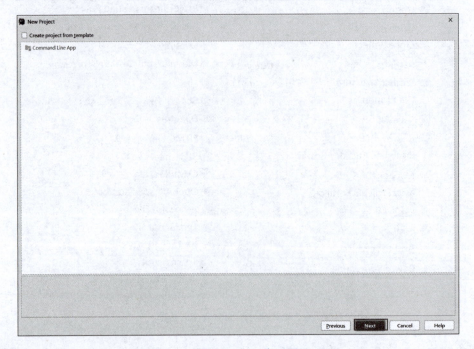

图 2-12 创建 "Java" 类型项目（2）

输入项目名称 "ch"，项目存放地址保持不变，单击 "Finish" 按钮完成项目创建（图 2-13）。

图 2-13　完成项目创建

（2）在"src"目录中创建"SupermarkePromotionSystem"类。

打开"ch2"项目并选择"src"目录，单击鼠标右键，选择"New"→"Java Class"选项，打开创建类界面（图 2-14）。

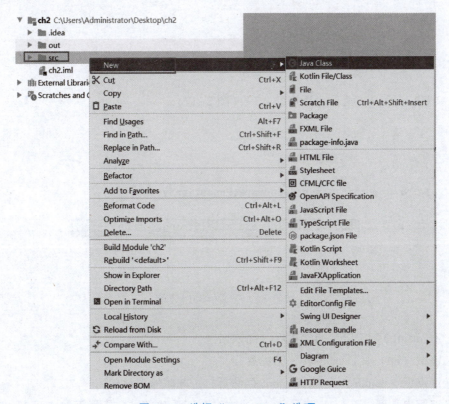

图 2-14　选择"Java Class"选项

选择"Class"类型，在输入框输入类名"SupermarkePromotionSystem"，按 Enter 键完成类的创建（图 2-15）。

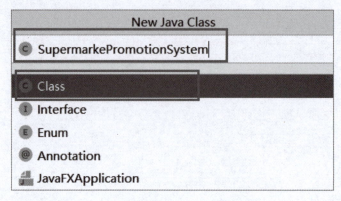

图 2-15　选择"Class"类型

为类添加注释（图 2-16）。

```
/*
 * 超市促销系统
 */
public class SupermarkePromotionSystem {


}
```

图 2-16　为类添加注释

（3）创建 main( )方法作为程序的入口（图 2-17）。

```
 5    /*
 6     * 超市促销系统
 7     */
 8  ▶ public class SupermarkePromotionSystem {
 9        //程序入口
10  ▶     public static void main(String[] args) {...}
57    }
58
```

图 2-17　创建 main( )方法

（4）在 main( )方法中声明变量以存储数据。

定义整型（int）变量 coupon 存储优惠券。

定义浮点型（double）变量 discount 存储折扣，并赋值为 0.9。

定义字符串类型（String）变量 activityName 存储活动名称，并赋值为"双 11 大促"。

定义时间类型（Date）变量 nowTime 存储当前时间。

定义浮点型（double）变量 price1，price2，price3 分别存储 3 种商品的价格。

定义浮点型（double）变量 price，sum 分别存储 3 种商品的总价格和折扣后的最终价格。

示例代码如图 2-18 所示。

```java
//程序入口
public static void main(String[] args) {
    //优惠券
    int coupon = 0;
    //折扣
    double discount = 0.9;
    //活动名称
    String activityName = "双11大促";
    //当前日期
    Date nowTime=new Date();
    //定义变量存储商品1，商品2，商品3价格
    double price1,price2,price3;
    //商品总价,最终价格
    double price,sum;
```

图 2-18　声明变量

任务 3　掌握 Java 常量存储相关参数

常量是指在程序的整个运行过程中值保持不变的量。要注意常量和常量值是不同的概念，常量值是常量的具体和直观的表现形式，而常量是形式化的表现。通常在程序中既可以直接使用常量值，也可以使用常量。

下面系统地认识 Java 中的常量值以及定义常量的方法。

2.3.1　常量值

常量值又称为字面常量，它是通过数据直接表示的，因此有很多种数据类型，如整型和字符串类型等。下面一一介绍这些常量值。

1. 整型常量值

Java 的整型常量值主要有如下 3 种形式。

（1）十进制数形式：如 54、-67、0。

（2）八进制数形式：Java 中的八进制常数的表示以"0"开头，如 0125 表示十进制数 85，-013 表示十进制数-11。

（3）十六进制数形式：Java 中的十六进制常数的表示以"0x"或"0X"开头，如

0x100 表示十进制数 256，-0x16 表示十进制数-22。

整型常量值默认在内存中占 32 位，是整数类型的值，当运算过程中所需值超过 32 位长度时，可以把它表示为长整型（long）数值。长整型数值要在数字后面加"L"或"1"，如 697L 表示一个长整型数值，它在内存中占 64 位。

2. 实型常量值

Java 的实型常量值主要有如下两种形式。

（1）十进制数形式：由数字和小数点组成，且必须有小数点，如 12.34、-98.0。

（2）科学记数法形式：如 1.75e5 或 32&E3，其中"e"或"E"之前必须有数字，且"e"或"E"之后的数字必须为整数。

Java 的实型常量值默认在内存中占 64 位，是双精度类型（double）的值。如果需要节省运行时的系统资源，而运算时的数据取值范围并不大且运算精度要求不太高，则可以把它表示为单精度类型（float）数值。

单精度类型数值一般要在数字后面加"F"或"f"如 69.7f 表示一个 float 型实数，它在内存中占 32 位（取决于系统的版本）。

3. 布尔型常量值

Java 的布尔型常量值只有两个，即 false（假）和 true（真）。

4. 字符型和字符串常量值

Java 的字符型常量值是用单引号括起来的一个字符，如 ' e '、' E '。需要注意的是，Java 的字符串常量值中的单引号和双引号不可混用。双引号用来表示字符串，如 "11"、"d"等都表示单个字符的字符串。

> **知识加油站**
>
> 这里表示字符和字符串的单引号和双引号都必须是英文输入状态下的符号。

除了以上所述的字符常量值之外，Java 还允许使用一种特殊形式的字符常量值来表示一些难以用一般字符常量值表示的字符。这种特殊形式的字符常量值是以"\"开头的字符序列，称为转义字符。Java 中常用的转义字符见表 2-3。

表 2-3　Java 中常用的转义字符

转义字符	说明
\ddd	1~3 位八进制数所表示的字符
\uxxxx	1~4 位十六进制数所表示的字符
\'	单引号字符
\"	双引号字符
\\	双斜杠字符
\r	回车

续表

转义字符	说明
\n	换行
\b	退格
\t	横向跳格

2.3.2 定义常量

常量不同于常量值，它可以在程序中用符号代替常量值使用，因此在使用前必须先定义。常量与变量类似，也需要初始化，即在声明常量的同时要为它赋一个初始值。与变量不同的是，常量一旦初始化就不可以被修改。

Java 使用 final 关键字来定义一个常量，其语法如下。

```
final dataType varName=value
```

其中，final 是定义常量的关键字，dataType 指明常量的数据类型，varName 是变量的名称，value 是初始值。

final 关键字表示"最终的"，它可以修改很多元素，修饰变量就使变量成了常量。例如，以下语句使用 final 关键字声明常量。

```
1 public class FinalVar{
2    //声明静态常量
3    public static final double PI=3.14;
4    //声明成员常量
5    final int y=10;
6
7    public static void main(String[] args) {
8    //声明局部常量
9       final double x=3.3;
10    }
11 }
```

常量有 3 种类型：静态常量、成员常量和局部常量。

（1）静态常量：上述代码第 3 行是声明静态常量，在 final 关键字之前增加 public static 修饰。public static 修饰的常量的作用域是全局的，不需要创建对象就可以访问它，在类外部访问形式为 finalVar. PI。静态常量在编程中使用很多。

（2）成员常量：上述代码第 5 行是声明成员常量，其作用域类似成员变量，但不能修改。

（3）局部常量：上述代码第 9 行是声明局部常量，其作用域类似局部变量，但不能修改。

> **知识加油站**
>
> 在定义常量时需要对该常量进行初始化。
>
> final 关键字不仅可以用来修饰基本数据类型的常量，还可以用来修饰对象的引用或者修饰方法。
>
> 为了与变量区别，常量取名一般都用大写字符。

【需求分析】

在系统中设置活动的状态，1 表示正在进行，0 表示已经停止。

【需求难点】

定义常量需要使用 final 关键字进行修饰，并且作为类的成员变量。

【步骤】

定义整数（byte）类型的常量 status 存储活动的状态，并赋值为 1，如图 2-19 所示。

```
public class SupermarkePromotionSystem {
    //活动状态 0--停止   1--进行中
    public static final byte status = 1;
    //程序入口
    public static void main(String[] args) {
```

图 2-19　定义常量

任务 4　使用 Java 中的运算符进行折扣运算

运算符，顾名思义就是用于运算的符号。在 Java 中存在大量运算符。运算符按照功能分为赋值运算符、算术运算符、关系运算符和逻辑运算符等；按照操作数分为单目运算符、双目运算符和三目运算符。

使用运算符时，要关注以下 3 个方面。

（1）运算符的目

运算符能连接操作数的个数称为运算符的目。Java 中运算符按照它的目分为 3 种。

①单目运算符：只能连接一个操作数，如 "++" "--" 等。

②双目运算符：可以连接两个操作数，Java 中的多数运算符属于双目运算符，如 "+" "-" "*" 以及 "/" 等。

③三目运算符：可以连接三个操作数。Java 中只有一个三目运算符（布尔表达式? 表达式1：表达式 2），即条件运算符。

（2）运算符的优先级

运算符的优先级是指在一个表达式中出现多个不同运算符时，在进行运算时运算符执行的先后次序。例如，算术运算符中的乘、除运算符的优先级高于加、减运算符的优先级。在 Java 中，运算符都存在自身的优先级，应遵循优先级高的运算符先处理的规则。

（3）运算符的结合方向

运算符的结合方向又称为运算符的结合性，是指当一个操作数连接两个同一优先级的运算符时，按运算符的结合性所规定的结合方向处理。Java 中运算符的结合性分为两种，分别为左结合性（自左向右）和右结合性（从右向左）。

2.4.1　赋值运算符

在 Java 中，赋值运算符为"="。赋值运算用于将赋值运算符右侧表达式的结果赋予赋值运算符左侧的变量。例如：

```
int age=20;
int a=1+1;
int b=a+1;
```

从上述示例中不难看出，赋值运算符的左侧只能为一个变量，而右侧可以是变量、常量或表达式。因此，赋值表达式的一般形式如下。

```
变量名=表达式;
```

赋值运算符的结合性是自右向左。例如：

```
a=b=c=1;
```

上运算执行完毕后，变量 a、b、c 的值均为 1。

上述表达式会先从右开始计算，即先计算 c=1，此时 c 的值为 1，之后该表达式将变成 a=b=1，再计算 b=1，同样 b 的值为 1，该表达式将变成 a=1，因此 a 的值也为 1。

2.4.2　算术运算符

算术运算问题在生活中较为常见，最简单的算术运算有加、减、乘、除。Java 提供了算术运算符来实现数学中的算术运算功能。Java 中常用的算术运算符见表 2-4。

表 2-4　Java 常用的算术运算符

算术运算符	说明	举例
+	加法运算符，求操作数的和	5+3 等于 8
-	减法运算符，求操作数的差	5-3 等于 2
*	乘法运算符，求操作数的乘积	5*3 等于 15
/	除法运算符，求操作数的商	5/3 等于 1
%	取余（模）运算符，求操作数相除的余数	5%3 等于 2

算术运算符的示例代码如下。

```java
public class ArithmeticOperation {
    public static void main(String[] args) {
        int  num1 = 5;
        int  num2 = 3;
        int  result;
        //加法运算
        result = num1 + num2;
        System.out.printf("%d+%d=%d\n",num1,num2,result);
        //减法运算
        result = num1 - num2;
        System.out.printf("%d-%d=%d\n",num1,num2,result);
        //乘法运算
        result = num1 * num2;
        System.out.printf("%d * %d=%d\n",num1,num2,result);
        //除法运算
        result = num1 / num2;
        System.out.printf("%d /%d=%d\n",num1,num2,result);
        //求余运算
        result = num1 % num2;
        System.out.printf("%d %% %d=%d\n",num1,num2,result);
    }
}
```

示例代码运行结果如图 2-20 所示。

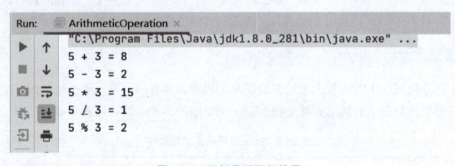

图 2-20　示例代码运行结果

如果参与运算的数值均为整数，则运算结果也为整数。例如，使用 "/" 运算符进行 "5/2" 的运算，结果为 2，而非 2.5。

在算术运算符中，除上述运算符外，还存在两个较为独特的单目运算符，分别是自增 (++) 和自减 (--)，它们的作用分别是使变量值自增 1 或自减 1。

如果将自增或自减运算符放在变量之前，则会先执行自增或自减操作再使用变量的值。例如：

```
int a=5;
int b=++a;//等效于 a=a+1;int b=a;
```

运算完毕后，变量 a 和 b 的值均为 6。将自增或自减运算符放在变量之前，会先执行自增和自减操作，然后使用变量的值。

如果将自增或自减运算符放在变量之后，则会先使用变量的值，然后执行自增或自减操作。例如：

```
int a=5;
int b=a++;//等效于 int b=a;  a=a+1;
```

运算完毕后，变量 b 的值为 5，变量 a 的值为 6。将自增或自减运算符放在变量之后会先使用变量的值，然后执行自增或自减操作。

> **知识加油站**
>
> 　　自增或自减运算符只能作用于变量，例如 4++、5-- 均为错误。
> 　　当单独使用自增和自减运算符作为一条语句时，前缀运算和后缀运算的效果相同。
> 例如：
> 　　--x 等效于 x--；
> 　　++x 等效于 x++。

2.4.3　复合赋值运算符

Java 中有些表达式可以通过复合赋值运算符进行简化。例如：

```
num=num+ 5;//等同于 num+=5;
```

复合赋值运算符由赋值运算符和算术运算符组合形成，用于对变量自身执行算术运算。复合赋值运算符见表 2-5。

表 2-5　复合赋值运算符

复合赋值运算符	说明	举例
+=	加法运算	int a=8；a+=2 等同于 a=a+2；a=10
-=	减法运算	int a=8；a-=2 等同于 a=a-2；a=6
*=	乘法运算	int a=8；a*=2 等同于 a=a*2；a=16
/=	除法运算	int a=8；a/=2 等同于 a=a/2；a=4
%=	模运算	int a=8；a%=2 等同于 a=a%2；a=0

当需要对变量自身进行计算时，建议使用复合赋值运算符，其效率远高于使用算术运算符。复合赋值运算符的结合性是自左向右。例如：

```
int a = 6;
a += a += 6; // 等效于 a = a+(a+6);
```

Java 表达式中的圆括号与代数中的圆括号作用相同，能提高运算符的优先级。使用圆括号还能增强程序的可读性并使计算顺序清晰。

2.4.4 关系运算符

在程序中，通常使用布尔类型来表示真和假，但是程序如何知道真假呢？程序可以通过比较大小、长短以及多少等比较运算得知其真假。Java 提供了关系运算符来进行比较运算。Java 中的关系运算符见表 2-6。

表 2-6 Java 中的关系运算符

关系运算符	说明	举例
>	大于	88>100，结果为 false
<	小于	88<100，结果为 true
>=	大于等于	50>=60，结果为 false
<=	小于等于	50<=60，结果为 true
==	等于	月球的大小==地球的大小，结果为 false
!=	不等于	月球的大小!=地球的大小，结果为 true

关系运算符的使用示例代码如下。

```java
public class RelationOperation {
    public static void main(String[] args) {
        int num1 = 88;
        int num2 =   100;
        boolean result;
        result = num1>num2;
        System.out.printf("%d > %d 的结果为:%b\n",num1,num2,result);
        result = num1>=num2;
        System.out.printf("%d >=%d 的结果为:%b\n",num1,num2,result);
        result = num1<num2;
        System.out.printf("%d < %d 的结果为:%b\n",num1,num2,result);
        result = num1==num2;
        System.out.printf("%d ==%d 的结果为:%b\n",num1,num2,result);
        result = num1!=num2;
        System.out.printf("%d !=%d 的结果为:%b\n",num1,num2,result);
    }
}
```

示例代码运行结果如图 2-21 所示。

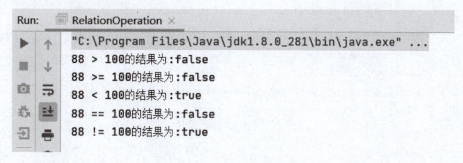

图 2-21　示例代码运行结果

> **知识加油站**
>
> 运算符"=="与"="的区别："=="是关系运算符，用于比较运算符两边的操作数是否相等，比较结果为布尔类型；"="是赋值运算符，表示将右边的值赋给左边的变量。

2.4.5　逻辑运算符

使用关系运算符可以比较程序中两个值的大小关系，但在程序中经常需要从多个比较关系中得到综合判断的结果。为了解决复杂的逻辑判断问题，Java 提供了一组逻辑运算符，见表 2-7：

表 2-7　Java 中的逻辑运算符

逻辑运算符	功能	示例
&&	与运算，即同时成立，缺一不可	a>b&&c>d：只有左、右两个表达式的值都为 true，整个结果才为 true。只要有一个表达式的值为 false，则整个表达式的值为 false
‖	或运算，即两者中有一个成立即可	a>b‖c>d：左、右两个表达式中只要有一个成立就为 true，只有两个都为 false 整个结果才为 false
!	非运算，取反	!(a>b)：如果表达式 a>b 为 false，则进行取反运算后为 true；如果表达式 a>b 为 true，则进行取反运算后为 false

与关系运算符"=="类似，在书写时，"&&"和"‖"两个符号之间不允许有空格，否则编译系统会将其识别为非法字符。

现有一示例：当购买商品价格等于或超过 500① 并且为新品时，可以打 9 折。

示例代码如下。

---

① 为了简单起见，本书示例未加单位。

```
public class LogicOperation {
    public static void main( String[ ] args ) {
        double price=566.99;
        boolean isNew=true;
        boolean result=(price>=500)&&(isNew==true);
        System.out.println( "价格 566.99 并且为新品的商品评判是否可以打 9 折,结果为:"+
result);
        price=450;
        isNew=true;
        result=(price>=500)&&(isNew==true);
        System.out.println( "价格 450 并且为新品的商品评判是否可以打 9 折,结果为:"+re-
sult);
        price=99.99;
        isNew=false;
        result=(price>=500)&&(isNew==true);
        System.out.println( "价格 99.99,不是新品的商品评判是否可以打 9 折,结果为:"+re-
sult);
    }
}
```

示例代码运行结果如图 2-22 所示。

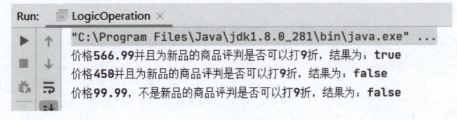

图 2-22　示例代码运行结果

逻辑运算符存在"短路"现象,可以用于生成更高效的代码。在逻辑与"&&"运算中,如果第一个操作数为 false,无论第二个操作数的值是什么,结果均为 false。在逻辑或"‖"运算中,如果第一个操作数为 true,无论第二个操作数的值是什么,结果均为 true。因此,在这两种情况下,不需要计算第二个操作数。由于不计算第二个操作数节省了时间,所以生成了效率更高的代码。例如:

```
int a=3,b=4;
System.out.println(a > 2 ‖ b++ > 3);
```

上述运算执行完毕后,变量 a 和变量 b 的值保持不变,变量 b 的值保持不变说明运算符"‖"之后的表达式未执行,因为运算符"‖"之前的表达式的值为 true,根据运算符"‖"的运算规则,也可以确定整个表达式结果为 true。修改上述示例如下。

```
int a = 3,b = 4;
System.out.println(a < 2 ‖ b++ > 3);
```

上述运算执行完毕后，变量 a 的值不变，变量 b 的值为 4。

2.4.6 三目运算符

三目运算符的语法如下。

布尔表达式? 表达式 1 : 表达式 2

条件表达式的结果由布尔表达式决定，如果布尔表达式的值为 true，则返回表达式 1 的值，否则返回表达式 2 的值。三目运算符的使用示例代码如下。

```
import java.util.Scanner;
public class TernaryOperator {
    public static void main(String[] args) {
        Scanner sc = new Scanner(System.in);
        System.out.println("请输入顾客的年龄:");
        int age = sc.nextInt();
        System.out.println(age>=50?"老年人,可以打折!":"不是老年人,不打折!");
    }
}
```

示例代码运行结果如图 2-23 所示。

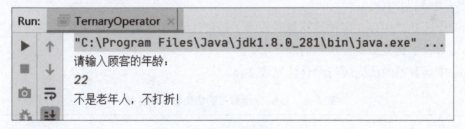

图 2-23　示例代码运行结果

知识加油站

在使用条件运算符时要注意以下几点。

（1）条件运算符的优先级低于关系运算符和算术运算符，高于赋值运算符。

（2）Java 中条件运算表达式中的关系表达式值的类型必须为布尔类型，即只能是 true 或 false。

（3）条件运算符的结合性是右结合性。

2.4.7 表达式以及运算符的优先级与结合性

1. 表达式

表达式是指由操作数和运算符组成的用于完成某种运算功能的语句。例如：

```
a=（ b-3 ）*（c+4）
```

其中 a、b、c、3、4 称为操作数，"="" * ""+""-"称为运算符。

表达式是运算符与操作数的组合，其中操作数可以是常量、变量或其他表达式，如 "4*5+b""43>23"以及 "（a+3）>（9/3）"等。

操作数和运算符进行合理组合，可以组成非常复杂的表达式，表达式在计算时有一些规则，在混合运算中，将优先计算的表达式放在括号 "（ ）"中。

2. 运算符的优先级与结合性

在编程中，经常会根据业务需要将各种表达式混合使用。如果要达到正确的效果，需要考虑运算符的优先级和结合性。

（1）优先级：Java 中运算符的优先级是指同一表达式中多个运算符被执行的次序，在表达式求值时，先按照运算符的优先级由高到低的次序执行，如算术运算符中采用 "先乘除后加减"的次序。

（2）结合性：运算符的结合性指在同一表达式中，具有相同优先级的运算符，在没有括号的情况下运算符和操作数的结合方式。通常有从左到右结合和从右到左结合两种方式。例如，1+2+3 等同于 （1+2）+3，即 "+"是从左到右结合；a=b=4 等同于 a=（b=4），即 "="是从右到左结合。

当一个表达式中存在多种运算符时，为了提高代码的可读性，建议多使用 "（ ）"，而不是依靠运算符的优先级决定执行的顺序。

Java 中运算符的优先级与结合性见表 2-8。

表 2-8　Java 中运算符的优先级与结合性

优先级	运算符	结合性
1	（）、[ ]	从左到右
2	!、+（正号）、-（负号）	从右到左
3	++、--	从右到左
4	*、/、%	从左到右
5	+、-	从左到右
6	>、<、>=、<=	从左到右
7	==、!=	从左到右
8	&&	从左到右

续表

优先级	运算符	结合性
9	‖	从左到右
10	=、+=、-=、*=、/=、%=	从右到左

运算符的优先级与结合性的使用示例代码如下。

```java
public class PriorityExample {
    public static void main(String[] args) {
        int a = 5, b = 6, c = 7;
        boolean d;
        d = (a > b ‖ a+2 == 9) && (c > b);
        System.out.println(d);
    }
}
```

示例代码运行结果如图 2-24 所示。

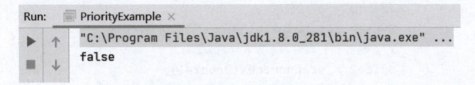

图 2-24　示例代码运行结果

在上述示例代码中，表达式"d = (a > b ‖ a+2 == 9) && (c > b)"包含"()"、赋值运算符、逻辑运算符、算术运算符以及关系运算符。根据运算符的优先级与结合性，该表达式的执行流程如下。

（1）由于赋值运算符"="的优先级低于逻辑运算符"&&"，所以先进行逻辑运算符"&&"的运算。

（2）根据逻辑运算符"&&"的结合性（从左到右），先进行"&&"左边表达式"a>b ‖ a+2 == 9"的计算，再进行"&&"右边表达式"c > b"的计算。

（3）在进行表达式"a > b ‖ a+2 == 9"的计算时，根据逻辑运算符"‖"的结合性，先计算"‖"左边表达式"a > b"的计算，再进行"‖"右边表达式"a+2 == 9"的计算。

（4）根据变量 a、b 的值，表达式"a > b"的结果为 false，表达式"a+2 == 9"的结果为 false，故表达式"a > b ‖ a+2 == 9"的结果为 false。

（5）根据变量 c、b 的值，表达式"c > b"的结果为 true。

（6）根据逻辑运算符"&&"的运算规则，表达式"(a > b ‖ a+2 == 9) && (c > b)"的结果为 false。

（7）将 false 赋给 d。最后控制台打印输出 d 的值 false。

【需求分析】

实现从控制台输入 3 次商品价格，根据折扣计算出最终价格并输出到控制台。

【需求难点】

（1）控制台的输入/输出。

（2）最终价格的计算。

【步骤】

（1）接收控制台输入的价格信息并存入商品价格变量，如图 2-25 所示。

```
//定义Scanner用于接受控制台的输入
Scanner scanner = new Scanner(System.in);
//提示输入商品1价格
System.out.println("请输入商品1价格：");
//接收控制台的输入并存入price1
price1 = scanner.nextDouble();

//提示输入商品2价格
System.out.println("请输入商品2价格：");
//接收控制台的输入并存入price2
price2 = scanner.nextDouble();

//提示输入商品3价格
System.out.println("请输入商品3价格：");
//接收控制台的输入并存入price3
price3 = scanner.nextDouble();
```

图 2-25　接收控制台输入

（2）计算总价格，如图 2-26 所示。

```
//计算商品总价
price=price1+price2+price3;
```

图 2-26　计算总价格

（3）计算折扣后的最终价格，如图 2-27 所示。

```
//计算最终价格
sum=price-coupon-(1-discount)*price;
```

图 2-27　计算折扣后的最终价格

（4）控制台输出相关信息，如图 2-28 所示。

```java
System.out.println("---------------------------------------------------------------");
System.out.println("【"+activityName+"】");
System.out.println("结算时间: "+new SimpleDateFormat( pattern: "yyyy-MM-dd HH:mm:ss").format(nowTime));
System.out.println("原商品总价:￥"+price);
System.out.println("优惠券:￥"+coupon);
System.out.println("折扣:"+discount);
System.out.println("现只需:￥"+sum);
System.out.println("---------------------------------------------------------------");
```

图 2-28　控制台输出相关信息

【项目小结】

本项目首先介绍了 Java 的基础语法；其次介绍了 Java 中的变量、Java 中常用的数据类型及控制台的输入/输出；然后介绍了 Java 的常量及其定义方法；最后介绍了 Java 中常用的运算符。通过学习本项目的内容，读者能够编写简单的超市促销管理系统代码。

【技能强化】

一、填空题

1. Java 程序的入口是_____。

2. Java 中的注释有_____和_____。

3. Java 中的浮点数据类型是_____和_____。

4. 接受控制台的输入需要导入_____类。

5. 三目运算符的语法格式是：表达式 1 _____表达式 2 _____表达式 3。

6. 逻辑运算符有_____、_____和_____。

二、判断题

1. "nowtime" 和 "nowTime" 都可以作为变量名。　　　　　　　　　　　（　　）

2. 变量 n 和 N 表示同一个变量。　　　　　　　　　　　　　　　　（　　）

3. 1234 可以用 byte 数据类型存储。　　　　　　　　　　　　　　（　　）

4. "A" 和 ' A ' 是同一种数据类型。　　　　　　　　　　　　　　（　　）

5.（9>10）‖（1+2==3）&&（3+4>5）的最终结果为 false。　　　　（　　）

三、选择题

1. 以下不是 Java 中整数类型的是（　　）。

A. byte　　　　　　　　B. int　　　　　　　　C. long　　　　　　　　D. double

2. 以下修饰词能够修饰常量的是（　　）。

A. public static final　　B. public final　　　　C. final　　　　　　　　D. abstract

3. Java 中 char 类型的取值范围是（　　）。

A. 0~32 767　　　　　　B. 0~65 535　　　　　　C. −256~255　　　　　　D. −32 768~32 767

4. 若 a 为整型变量，a=12，则表达式 "a * =2+3" 的值为（　　）。

A. 12　　　　　　　　　B. 24　　　　　　　　　C. 36　　　　　　　　　D. 60

5. 下列代码的运行结果是（　　）。

```
int a=5;int b=++a;
System.out.println("a="+a);
System.out.println("b="+b);
```

A. a＝5，b＝5　　　　B. a＝6，b＝5　　　　C. a＝5，b＝6　　　　D. a＝6，b＝6

四、简答题

1. Java 变量的命名规则有哪些？

2. 以下哪些是合法的变量名？

_myCar、＄myAge 、score1、age%、a+b、my name、8money

五、编程题

1. 编写一个简单的计算器程序，要求如下。

（1）接收控制台输入的数字"1"和"2"。

（2）接收控制台输入的"＋""－""＊""/"其中一个运算符。

（3）根据输入内容得出最后结果并在控制台输出。

2. 编写代码，在控制台输出九九乘法表。

实现超市促销管理系统（二）

【项目导入】

本项目主要讲述 Java 中的流程控制结构，它是控制程序逻辑方面非常重要的知识点。例如，某学生参加 100 米赛跑会产生哪几种结果？根据比赛成绩判断，有可能获得第一名，也可能获得第二名或第三名，也有可能没有获得名次。如果通过程序处理以上逻辑，就需要对不同的结果分别处理，这时就需要用到流程控制结构。通过本项目的学习，掌握 Java 中的流程控制结构和数组的应用，了解方法的简单应用。

【项目目标】

（1）掌握选择结构。
（2）掌握循环结构。
（3）了解方法的简单应用。
（4）掌握数组的应用。

【素质目标】

（1）选择结构和循环结构是编程中实现逻辑控制的重要手段。学生在理解和应用这些结构的过程中，可以锻炼他们的逻辑思维能力。
（2）编程需要耐心和细心，尤其在处理复杂的逻辑和数据时。通过学习和实践，学生可以培养他们的耐心和细心。

任务 1　使用选择结构实现会员等级选择功能

3.1.1　流程控制结构

随着现代超市越来越大，为了招揽更多顾客，便于开展促销活动，超市经营者决定增加会员等级选择功能，根据顾客在超市的消费金额进行累积积分，通过积分判断其会员等级。每消费 1 元积 1 分，积分制度见表 3−1。顾客注册会员后默认成为青铜会员，积分达到 1 000 分时自动升级为白银会员，积分达到 3 000 分时自动升级为黄金会员，积分达到 5 000 分时自动升级为铂金会员，积分达到 8 000 分时自动升级为钻石会员，积分达到 15 000 分时自动升级为至尊会员。

表 3-1　会员等级及福利说明

会员等级	所需积分	福利
青铜	默认，注册即成为青铜会员	可参与会员价购物
白银	1 000 分	可参与周末活动
黄金	3 000 分	可参与积分抽奖活动
铂金	5 000 分	可参与指定商品打折活动
钻石	8 000 分	全场购物满 300 元打 9 折
至尊	15 000 分	全场购物直接打 9 折

通过对以上需求功能的分析，当需要控制程序逻辑时，就需要用流程控制结构来实现。Java 中有 3 种流程控制结构，如图 3-1 所示。

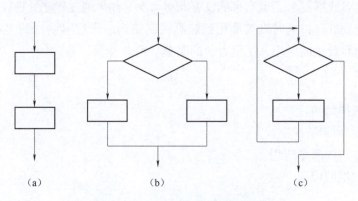

图 3-1　Java 中的流程控制结构
（a）顺序结构；（b）选择结构；（c）循环结构

（1）顺序结构。顺序结构是指程序从上向下依次执行每条语句的结构，中间没有任何判断和跳转，前面的示例都采用顺序结构。

（2）选择结构。选择结构根据条件判断的结果来选择执行不同的代码。选择结构可以细分为单分支结构、双分支结构和多分支结构。Java 提供 if 语句、switch 语句来实现选择结构。

（3）循环结构。循环结构根据判断条件来重复性地执行某段代码。Java 提供 while 语句、do-while 语句、for 语句来实现循环结构。JDK 5.0 版本增强了 for 语句的功能，可以以更简单的方式来遍历数组和集合。

理论上，由这 3 种基本流程控制结构组成的算法可以解决任何复杂的问题。

3.1.2　if 选择结构

在 Java 中 if 选择结构有 3 种形式，分别是基本 if 结构、if-else 结构和多重 if 结构。

1. 基本 if 结构

基本 if 结构是一种单分支的结构形式，当条件满足时执行指定的代码，否则跳过这段代码去执行后面的代码。

基本 if 结构的语法格式如下。

```
if(条件表达式){
    代码块;
}
```

其中，if 是关键字，后面小括号中的条件表达式，其结果必须是一个布尔类型的值，为 true 或 false，它的执行顺序如下。

（1）对条件表达式的结果进行判断。

（2）如果条件表达式的结果为 true，则执行后面花括号内的代码块。

（3）如果条件表达式的结果为 false，则跳过后面花括号内的代码块。

基本 if 结构示意如图 3-2 所示。

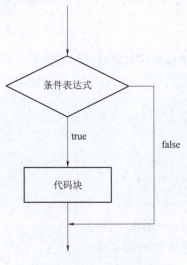

图 3-2　基本 if 结构示意

【案例 3.1】如果考试不及格，则需要抄写错误的试题，再完成其他作业；如果考试及格，则不需要抄写错误的试题，直接完成其他作业。类似这种情况需要用单分支结构实现该功能，用中文分析这个场景，实现该功能的语句如下。

```
如果(考试不及格){
    抄写错误的试题;
}
完成其他的作业
```

通过分析以上功能代码，单分支结构中花括号内的代码块有可能被跳过，后面的代码则一定会执行。把上面的中文语句用代码实现如下。

```
public static void main(String[] args){
    int score=50;
    if(score<60){
        System.out.println("抄写错误的试题!");
    }
    System.out.println("完成其他作业!");
}
```

代码运行结果如下。

抄写错误的试题!
完成其他作业!

知识加油站

如果花括号内的代码只有一行，则花括号可以省略，但是这种写法不规范，不推荐使用。因此，不管花括号内的代码有几行，都要求把花括号加上。

2. if-else 结构

if-else 结构是一种双分支结构，它对单分支结构进行补充，分为两种情况，程序执行时必然会运行其中的一种，而跳过另外一种。if-else 结构的语法格式如下。

```
if(条件表达式){
    代码块1;
}else{
    代码块2;
}
```

其中，if 和 else 都是关键字，if 后面小括号内的条件表达式的结果必须为布尔类型的值，它的执行顺序如下。

（1）对条件表达式的结果进行判断。

（2）如果条件表达式的结果为 true，则执行代码块 1，跳过代码块 2。

（3）如果条件表达式的结果为 false，则跳过代码块 1，执行代码块 2。

通过对以上运行流程的分析，if-else 结构一定会执行 if 和 else 的代码块中的其中一块，然后跳过另外一块。

if-else 结构示意如图 3-3 所示。

【案例 3.2】如果还有 10 分钟就要上课，

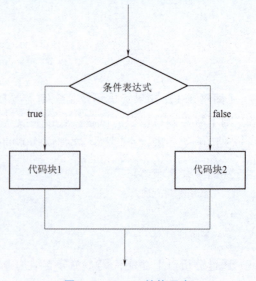

图 3-3　if-else 结构示意

则可以抄近路去学校；否则走大路去学校。用中文分析这个场景，实现该功能的语句如下。

```
如果(时间小于 10 分钟){
    来不及了,抄近路去学校!
}否则 {
    时间足够,走大路去学校!
}
```

把以上中文语句转换为代码实现如下。

```
public static void main(String[ ] args){
    Scanner input =new Scanner(System.in);
    System.out.print("现在离上课还有几分钟呢?");
    int time=input.nextInt();
    if(time<10){
        System.out.println("来不及了,走近路去学校,飞奔中!");
    }else {
        System.out.println("时间足够,走大路去学校,慢慢走不着急!");
    }
}
```

代码运行时，会根据输入的时间判断是抄近路还是走大路，但无论输入的时间是多少，只会执行 if 或 else 中的一个代码块，而跳过另一个代码块。

3. 多重 if 结构

当条件判断存在多种可能性时，可以使用多重 if 结构。它的作用是多选一，在多个可能中执行其中的一种，而跳过其他所有可能。多重 if 结构的语法格式如下。

```
if(条件表达式 1){
    代码块 1;
}else if(条件表达式 2){
    代码块 2;
}else {
    代码块 3;
}
```

在该语法格式中，需要注意以下三点。

（1）所有条件表达式的结果必须为布尔类型的值，即 true 或 false。

（2）中间的 else if 语句可以有多个，判断的顺序是从上往下依次判断。

（3）最后面的 else 语句可有可无，它的作用是引出当前面所有条件表达式都返回 false 时执行的代码块。

多重 if 结构的执行顺序如下。

（1）对条件表达式 1 进行判断。

（2）如果条件表达式 1 的结果为 true，则执行代码块 1，然后跳出多重 if 结构。

（3）如果条件表达式 1 的结果为 false，则跳过代码块 1，对条件表达式 2 进行判断。

（4）如果条件表达式 2 的结果为 true，则执行代码块 2，然后跳出多重 if 结构。

（5）如果条件表达式 2 的结果为 false，则跳过代码块 2，执行代码块 3。

多重 if 结构示意如图 3-4 所示。

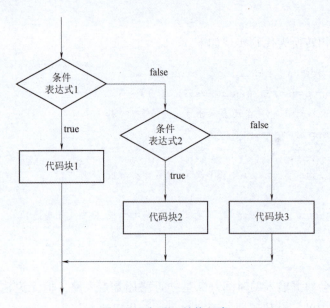

图 3-4 多重 if 结构示意

【案例 3.3】根据学生的考试分数进行评级，90 分以上为 A 级，80~89 分为 B 级，60~79 分为 C 级，60 分以下为 D 级。实现该功能的代码如下。

```java
public static void main(String[] args){
Scanner input = new Scanner(System.in);
System.out.print("请输入学生的分数:");
int score = input.nextInt();
if(score>=90){
    System.out.println("学生的评级为:A");
}else if(score>=80) {
    System.out.println("学生的评级为:B");
}else if(score>=60){
    System.out.println("学生的评级为:C");
}else{
    System.out.println("学生的评级为:D");
}
}
```

上述代码运行后，输入学生的分数，程序会对分数进行比较，当分数大于等于 90 分时，输出评级 A，然后跳出结构。如果分数没有达到 90 分时，则跳过第 1 个判断，进入第 2 个判断。如果分数大于等于 80 分，则输出评级 B，然后跳出结构。当分数没有达到 80 分时，会继续跳过第 2 个判断，此时进入第 3 个判断。如果分数大于等于 60 分，则输出评级 C，然后跳出结构。当分数没有达到 60 分时，跳过第 3 个判断，直接运行 else 中的代码块，即输出评级 D。在此期间，当进行多个条件判断时，只要有 1 个条件满足，就会执行后面花括号中的代码块，然后跳出结构。这就是多重 if 结构，即多选一的选择结构。

> **知识加油站**
>
> 多重 if 结构是从上往下依次进行判断，改变判断顺序会影响输出结果。例如将上述代码的分数判断顺序改变一下，将分数大于等于 60 分的条件放到最上面，就会发现只输出 C 级或 D 级的评级。这是为什么呢？同学们可以进行思考。

3.1.3 switch 选择结构

Java 中的选择结构除了 if 选择结构，还有一种是 switch 选择结构。它的功能和多重 if 结构很相似，也是多选一的选择结构，区别在于多重 if 结构可以进行区间判断，而 switch 选择结构则是进行等值判断。switch 选择结构的语法格式如下。

```
switch(变量){
    case 值1：
        代码块1；
        break；
    csae 值2：
        代码块2；
        break；
    ………
    case 值n：
        代码块n；
        break；
    default：
        代码块n+1；
        break；
}
```

在该语法格式中要注意以下三点。

（1）switch 选择结构进行等值判断，它会查找 case 后面的值中是否有与变量相同的值，如果有，则执行该 case 代码块，执行到 break 语句时跳出结构；如果没有，则直接执行 default 代码块。

（2）多个 case 之间是并列关系，case 的个数不限，但是每个 case 后面的值必须不相同。case 与值之间要有空格隔开，值后面是冒号，不能是其他符号。

（3）default 是"默认"的意思，如果前面没有找到与变量相同的值，就执行 default 代码块。default 语句不是必需的，如果没有它，则当在 case 中没有找到与变量相同的值时，直接跳出结构。

switch 选择结构示意如图 3-5 所示。

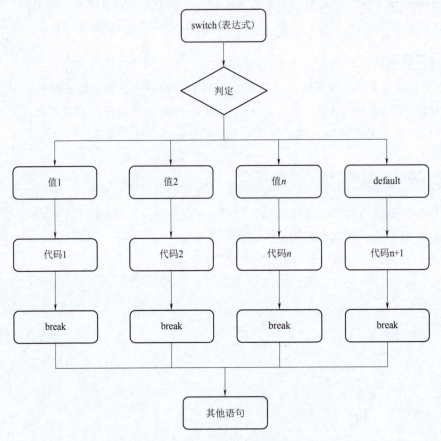

图 3-5　switch 选择结构

switch 选择结构的执行方式比多重 if 结构简单很多，它是直接查找 case 后面的值中有没有与小括号内的变量相同的值，如果有的话就执行，没有就跳过。它不进行从上往下的顺序判断，而是直接匹配。需要注意的是，break 语句用于跳出结构，一般情况下要求 case 代码块内包含 break 语句，以便让程序在执行完对应的代码块后跳出程序。但 break 语句不是必需的，如果没有 break 语句，则程序会从与变量值相同的 case 代码块开始一直往下执行，直到遇到 break 语句或所有代码执行完后跳出结构。

【案例 3.4】输入比赛名次，判断选手可以获得什么奖品。如果获得第 1 名，奖励笔记本电脑一台；如果获得第 2 名，奖励华为手机一部；如果获得第 3 名，奖励现金 1 000 元；其他名次没有奖品，仅提示"不要灰心，继续努力"。实现代码如下。

```
Public static void main(String[] args){
    Scanner input =new Scanner(System.in);
```

```
System.out.print("请输入名次1、2或3:");
int num=input.nextInt();
switch(num){
    case 1:
        System.out.println("第一名,奖励笔记本电脑一台");
        break;
    case 2:
        System.out.println("第二名,奖励华为手机一部");
        break;
    case 3:
        System.out.println("第三名,奖励现金1 000元");
        break;
    default:
        System.out.println("未获得前三名,不要灰心,继续努力");
        break;
    }
}
```

switch 选择结构会直接将 num 的值与 case 后面的值进行匹配，而不会从上往下顺序判断。有匹配的值时，直接执行该 case 代码块中的代码，执行到 break 语句时跳出结构；没有匹配的值时，直接执行 default 代码块。

相比于多重 if 结构，switch 选择结构的功能局限比较明显，它只能做等值判断，但优点是它比多重 if 结构清晰，直接匹配，一目了然。在日常生活中，还有很多情况适合使用 switch 选择结构进行逻辑判断，例如银行自助存取款机上的菜单选项、遥控器上的按钮选项等。

> **知识加油站**
>
> 在 switch 选择结构中，如果所有 case 代码块中都有 break 语句，则 case 语句的前后顺序对执行结果没有影响；如果所有或部分 case 代码块中没有 break 语句，则 case 语句的前后顺序会影响执行结果。

3.1.4　任务 1 功能实现

会员等级选择功能中会员等级有 6 种，当积分满足某个区间段条件时，输出对应会员等级。通过分析可知，一是多种条件判断需要使用多分支结构，二是需要进行区间判断，而不是进行等值判断。因此，该功能使用多重 if 结构实现更优，实现代码如下。

```
Scanner input=new Scanner(System.in);
System.out.print("请输入会员积分:");
```

```
Int score=input.nextInt();
if(score<1000){
    System.out.println("您好,您已是青铜会员!");
}else if(score<3000){
    System.out.println("您好,您已是白银会员!");
} else if(score<5000){
    System.out.println("您好,您已是黄金会员!");
}else if(score<8000){
    System.out.println("您好,您已是铂金会员!")
} else if(score<15000){
    System.out.println("您好,您已是钻石会员!")
}else {
    System.out.println("您好,您已是至尊会员!")
}
```

至此，会员等级判断功能已经实现。

任务 2 使用循环结构实现多次操作超市促销管理系统功能

如果要反复使用超市促销管理系统的各种功能，就要使用循环结构。在 Java 中，循环结构有 while 循环结构、do-while 循环结构和 for 循环结构等。循环结构的特点是在给定条件成立时，反复执行某个代码块，直到条件不成立为止。

循环结构主要由 3 个部分组成，分别如下。

（1）循环条件初始化：设置循环的初始状态。

（2）循环体：重复执行的代码块或操作。

（3）循环条件：判断是否继续循环的条件，它是一个结果为布尔类型的表达式，值只有 true 和 false。值为 true 时执行循环，值为 false 时结束循环。

3.2.1 while 循环结构

while 循环结构的语法格式如下。

```
循环变量初始化
while(循环条件表达式){
    循环体;
}
```

while 循环结构示意如图 3-6 所示。

while 循环结构的执行步骤如下。先对循环条件表达式进行判断，它是一个结果为布尔类型的逻辑表达式，如果结果为 true，则执行循环体，执行完毕后再次进行循环条件表达式的判断；如果结果为 false，则退出循环。依此类推，只要循环条件表达式的结果为 true，就会一直执行循环体，直到循环条件表达式的结果为 false 时跳出循环。

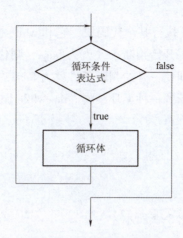

图 3-6　while 循环结构示意

【案例 3.5】用 while 循环结构实现从 1 加到 100 的求和计算。实现功能的步骤如下。

（1）定义变量 sum，用来保存计算的和值，初始值为 0。

（2）定义变量 i，初始值为 1，用来表示从 1 到 100 的数值。

（3）设置循环条件，当 i<=100 时，重复执行加法运算，将 sum+i 的值重新赋给 sum，运算完成后 i 的值在原值的基础上加 1。

（4）当 i 的值>100 时，循环条件表达式的值为 false，跳出循环，输出 sum 的值，即最后的运算结果。

实现代码如下。

```
int sum=0,i=1;
while(i<=100){
    sum=sum+i;
    i++;
}
System.out.println("和值为:"+sum);
```

代码运行结果如下。

```
和值为:5050
```

知识加油站

在此 while 循环结构中，i<=100 是循环条件表达式，一定要注意该表达式的值是否会变为 false。如果 i 的值不改变，则该表达式的结果永远是 true，循环体会一直执行下去，从而变成死循环。一定要避免出现死循环。

3.2.2 do-while 循环结构

do-while 循环结构也是反复执行某个代码块，它和 while 循环结构的区别在于：while 循环结构是先判断再执行，如果一开始判断条件就为 false，则代码块一次都不执行；do-while 循环结构则是先执行再判断，即使一开始判断条件就为 false，代码块也会先执行一次，因此它是先执行循环体，再进行判断的一种循环结构。do-while 循环结构的语法格式如下。

```
循环变量初始化
do{
    循环体；
}while(循环条件);
```

do-while 循环结构示意如图 3-7 所示。

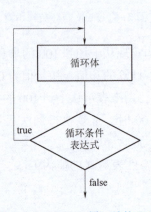

图 3-7　do-while 循环结构示意

do-while 循环结构的执行步骤如下。先执行 do 后面花括号内的循环体，然后执行 while 后面的循环条件表达式判断。循环条件表达式必须是一个结果为布尔类型的逻辑表达式，如果结果为 true，则回到 do 的花括号内再执行一次循环体；如果结果为 false，则跳出循环。依此类推，只要循环条件表达式的结果为 true，就会一直执行循环体，直到循环条件表达式的结果为 false 时，跳出循环。

【案例 3.6】用 do-while 循环结构实现从 1 加到 100 的求和计算。实现功能的步骤如下。

(1) 定义变量 sum，用来保存计算的和值，初始值为 0。

(2) 定义变量 i，初始值为 1，用来表示从 1 到 100 的数值。

(3) 将 sum+i 的值再赋给 sum，运算完成后 i 的值在原值的基础上加 1。

(4) 设置循环条件，当 i<=100 时，重复执行第（3）步的运算；当 i 的值>100 时，循环条件表达式为 false，跳出循环。输出 sum 的值即最后的运算结果。

实现代码如下。

```
int sum=0,i=1;
do{
```

```
    sum=sum+i;
    i++;
}while(i<=100);
System.out.println("和值为:"+sum);
```

代码运行结果如下。

```
和值为:5050
```

知识加油站

　　do-while 循环结构中 while 语句后面的分号很重要，不能省略。另外，对于相同的代码，如果前后顺序不同，则代码运行结果有可能不一样。例如在以上案例中，如果把循环体内的两行代码交换顺序再运行，会发现代码运行结果不一样。

3.2.3　for 循环结构

　　for 循环结构是一种常用的循环结构，用于重复执行一段代码块，直到满足特定的条件终止。for 循环结构的语法格式如下。

```
for(表达式1;表达式2;表达式3){
    循环体;
}
```

　　for 循环结构示意如图 3-8 所示。

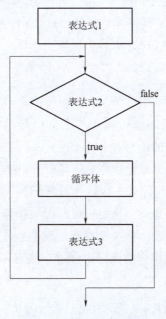

图 3-8　for 循环结构示意

for 循环结构的执行步骤如下。首先执行表达式 1，设置循环变量初始值。然后，执行表达式 2，进行循环条件判断，它是一个结果为布尔类型的逻辑表达式，当结果为 true 时，先执行花括号内的循环体，当循环体执行完成后，再执行表达式 3；当结果为 false 时，跳出循环。表达式 3 用来改变循环变量的值，如 i++、i--、i+=2、i-=2 等，当表达式 3 执行完成后，再执行表达式 2，再次进行循环条件判断。依此类推，表达式 2、循环体和表达式 3 循环执行，直到表达式 2 的值为 false 时，退出循环。

【案例 3.7】用 for 循环结构实现从 1 加到 100 的求和计算。实现代码如下。

```
int sum=0;
for(inti=1;i<=100;i++){
    sum=sum+i;
}
System.out.println("和值为:"+sum);
```

代码执行结果如下。

```
和值为 5050
```

从这里可以看到，for 循环结构的 3 个表达式分别对应循环结构的 3 个组成部分，代码更简洁明了，因此 for 循环结构是比较常用的循环结构。for 循环结构的特点是先判断，后执行；如果一开始条件判断结果为 false，则循环体一次都不执行。

> **知识加油站**
>
> for 循环结构中小括号内的 3 个表达式不是必需的，3 个表达式缺少任何一个表达式都可以运行，只要代码逻辑符合即可，甚至 3 个表达式都可以缺少，但是 3 个表达式间的分号不能省略，因此 for 循环结构写成 for（;;）是合法的。如果没有中间的表达式，则条件判断结果默认为 true，成为死循环。

3.2.4 任务 2 功能实现

在 3 种循环结构中，while 循环结构和 do-while 循环结构通常用于特定条件下的循环，例如菜单展示或重复次数不确定的循环操作等场景；for 循环结构主要用于重复次数确定的循环操作，例如密码输入 3 次错误时锁定账号等场景。while 循环结构和 for 循环结构都是先判断，再执行；do-while 循环结构则是先执行，再判断。

通过对任务 2 的功能分析得知，一是要完成多次操作超市促销管理系统功能；二是操作次数不确定；三是先进入功能列表，再选择功能；四是通过序号选择想要操作的功能。此时使用 do-while 循环结构控制多次操作的流程更合适，使用 switch 选择结构控制功能列表更合适。参考代码如下。

```
Scanner input=new Scanner(System.in);
do{
```

```java
        System.out.println("---------欢迎使用超市促销系统------------");
        System.out.println("---------1.注册会员---------");
        System.out.println("---------2.购物积分---------");
        System.out.println("---------3.查看会员等级-------");
        System.out.println("---------4.积分兑换------");
        System.out.println("---------5.退出系统------");
        System.out.print("请选择:");
        int answer=input.nextInt();
        switch(answer){
            case 1:
                System.out.println("进入会员注册");
                System.out.println("会员注册成功");
                break;
            case 2:
                System.out.println("进入购物积分");
                System.out.println("购物积分成功");
                break;
            case 3:
                System.out.println("查看会员等级");
                System.out.println("查看成功");
                break;
            case 4:
                System.out.println("积分兑换功能");
                break;
            case 5:
                System.out.println("退出系统");
                break;
            default:
                System.out.println("输入错误,请重新选择!");
                break;
        }
    }while(answer!=5);
    System.out.println("已退出,欢迎下次光临!");
```

　　这里使用 switch 选择结构进行功能选择，用等值判断进入对应的功能，然后使用 do-while 循环结构控制程序流程，让用户选择菜单中对应的功能并进行对应的操作。在完成一次功能后，还能继续选择操作其他功能。这里的循环判断条件是输入数字是否为 5，只要用户输入的数字不是 5，就可以一直调用菜单中的各种功能；当用户输入的数字为 5 时，退出系统。

使用方法定义超市促销管理系统中的部分功能

在程序开发过程中，将全部功能代码写到主程序中不利于后期维护，其原因一是重复代码过多，二是不利于团队协作，三是代码可读性差，等等。为了优化代码，人们会以功能为单位将代码拆分成不同的功能模块，每个功能模块用方法定义，后期维护时只维护单个方法就可以实现功能的更新和调整。

在超市促销管理系统中，将菜单中的多个功能拆分成不同的模块，封装到不同的方法中，在用户选择菜单功能时调用对应的方法。

参考代码如下。

```java
public class Demo01{
    public static void main(String[] args){
        Scanner input = new Scanner(System.in);
        Demo01 d1 = new Demo01();
        do{
            d1.show();
            System.out.print("请选择:");
            int answer = input.nextInt();
            switch(answer){
            case 1:
                d1.user();
                break;
            case 2:
                d1.login();
                break;
            case 3:
                d1.seachLevel();
                break;
            case 4:
                d1.score();
                break;
            case 5:
                System.out.println("退出系统");
                Break;
            default:
                System.out.println("输入错误,请重新选择!");
                Break;
            }
```

```
            }while(answer! =5)
            System.out.println("已退出,欢迎下次光临!");
        }
    //菜单展示功能
    void show(){
        System.out.println("----------欢迎使用超市促销系统------------");
        System.out.println("---------1.注册会员----------");
        System.out.println("---------2.购物积分---------");
        System.out.println("---------3.查看会员等级-------");
        System.out.println("---------4.积分兑换------");
        System.out.println("---------5.退出系统------");
    }
    //注册功能
    void login(){
        System.out.println("实现注册会员功能");
    }
    //购物积分功能
    void buy(){
        System.out.println("进入购物积分");
    }
    //查看会员等级功能
    Void seachLevel(){
        System.out.println("查看会员等级");
    }
    //积分兑换功能
    voidscore(){
        System.out.println("积分兑换");
    }
}
```

　　在以上案例中，如果要修改某个功能，只需修改对应方法中的功能代码，就可以在不影响其他模块的情况下实现功能更新。类中的 main() 也是方法，它是程序的入口。在程序中方法之间可以相互调用。方法的具体应用在下一章继续学习。

任务4　使用数组存储多个商品信息

3.4.1　什么是数组

　　数组是相同数据类型的元素的集合。当数组被初始化时，Java在内存中为数组分配一段连续且大小固定的存储空间。

3.4.2 数组的基础应用

1. 定义数组

在 Java 中，定义数组的方式有两种，语法格式如下。

```
数据类型[] 数组名=new 数据类型[数组长度];
数据类型 数组名[]=new 数据类型[数组长度];
```

注意：在定义数组时，数据类型、"[]"和数组长度不能省略。如果没有数据类型，存放的数据就无法定义数据类型；如果没有"[]"，数组名就是普通的变量；如果没有长度，系统就无法给数组划分存储空间。

例如：

```
int[] nums=new int[10];// 为 nums 数组分配 10 个连续的 int 类型的存储空间
double nums1[]=new double[5];// 为 num1 数组分配 5 个连续的 double 类型的存储空间
```

2. 数组初始化

定义数组的作用是存储多个同类型的数据，数组初始化是在定义数组的同时给数组完成赋值的操作。数组初始化的方式有两种，语法格式如下。

```
数据类型[] 数组名={值1,值2,值3,…,值n};
数据类型[] 数组名=new 数据类型[]{值1,值2,值3,…,值n};
```

例如：

```
int[] nums={10,15,20,25,30};//nums 数组的长度为 5,值已写入数组
String[] names=new String[]{"abc","张三","def","李四"};//names 是一个长度为 4 的
字符串数组,值已写入数组
```

注意，数组可以直接写入值，写入值的数量即数组的长度，但不能在写入值的同时在中括号内写入长度，例如：

```
int[] nums=new int[8]{10,20,30,40,50};
```

以上写法是不允许的，要么只写入长度而不写入值，要么写入值而不在中括号中写入长度。

3. 数组元素的获取与赋值

数组是一组连续的存储空间，因此在数组中数据是按顺序存储的，再通过索引对存储的数据进行管理。就像军训时排队列一样，从第一个同学到最后一个同学，可以通过报数来表示队列中的每一个同学。索引表示元素在数组中的顺序，索引从 0 开始，即数组中的第一个元素的索引为 0，其他元素的索引依次往下进行计数。例如第一个元素的索引为 0，第二个元素的索引为 1，第三个元素的索引为 2，依次往下计数。因此，获取数组中元素的语法格式如下。

数组名[索引]

【案例 3.8】 给 nums 数组中第 4 个元素和第 1 个元素赋值，参考代码如下。

```
nums[3]=60;//给 nums 数组的索引为 3 的元素赋值为 60,注意,索引从 0 开始计算,因此索引为 3
的元素是第 4 个元素
nums[0]=100;//给 nums 数组的第 1 个元素赋值为 100
```

获取数组元素的值也是通过数组名加索引的方式，示例代码如下。

```
System.out.println(nums[3]);//输出 nums 数组中的第 4 个元素的值
int num1=nums[0];//将 nums 数组中的第 1 个元素的值赋给变量 num1
```

4. 遍历数组

在日常应用中，数组经常与循环结构配合使用，这样可以简化代码，提高效率。一般使用 for 循环结构遍历数组，示例代码如下。

```
int[]scores={60,80,85,90,45,95};//创建 1 个长度为 6 的数组并赋值
//通过 for 循环结构遍历数组,输出数组中的所有值
for(int i=0;i<scores.length;i++){
    System.out.println("第"+(i+1)+"个学生的成绩为:"+scores[i]);
}
```

在以上示例中，数组的 length 属性可以获取数组的长度，然后用变量 i 作为数组的索引获取数组中的每个元素。

在 Java 中，for 循环结构除了"for（表达式 1；表达式 2；表达式 3）"的格式外，还有增强 for 循环结构，它可以快速读取数组或集合中的元素。语法格式如下。

```
for(元素类型 变量名:数组名或集合名){
    变量名……
}
```

这种 for 循环结构的效率比"for（表达式 1；表达式 2；表达式 3）"更高，缺点是它只能按顺序访问数组或集合中的元素，无法通过索引灵活地调用数组或集合中的元素。

使用增强 for 循环结构遍历数组中的元素，示例代码如下。

```
int[]scores={60,80,85,90,45,95};
for(int i:scores){
    System.out.println(i);
}
```

3.4.3 任务 4 功能实现

【需求分析】

使用数组显示多个商品信息。

【需求难点】

（1）商品信息包括商品名称和商品单价，定义两个同样长度的数组分别存储商品名称和商品单价，通过同样的索引管理同一商品的名称和单价。

两个数组的结构如图 3-9、图 3-10 所示。

苹果	香蕉	桃子	方便面	鸡蛋	火腿肠

图 3-9　商品名称数组结构

5	8	10	3	2	1

图 3-10　商品单价数组结构

（2）使用循环语句分别给两个数组输入商品的名称和单价。

（3）使用循环语句配合数组显示商品的名称和单价。

【步骤】

（1）定义两个同样长度的数组，分别为字符串类型和整数类型，用来存储商品的名称和单价。代码如下。

```
String[] names=new String[6];//存储商品名称
int[] prices=new int[6];//存储商品单价
```

（2）用 for 循环结构控制索引输入商品的名称和单价。代码如下。

```
Scanner input=new Scanner(System.in);
for(int i=0;i<names.length;i++){
    System.out.print("输入第"+(i+1)+"件商品的名称:");
    names[i]=input.next();
    System.out.print("输入第"+(i+1)+"件商品的单价:")
    prices[i]=input.nextInt();
}
```

（3）用 for 循环结构控制索引输出商品的名称和单价。

```
System.out.println("商品名称 \t 单价");
for(int i=0;i<names.length;i++){
    System.out.println(names[i]+" \t"+prices[i]);
}
```

【项目小结】

本项目主要讲解了 Java 流程控制结构中的选择结构和循环结构，以及数组的基本功能及应用；分析并实现了用选择结构完成会员等级选择功能、用循环结构完成多次操作超市促销管理系统功能、用方法定义超市促销管理系统中的部分功能，以及用数组存储多个商品信息单价。

【技能强化】

一、填空题

1. Java 中的 if 选择结构有 3 种，分别是＿＿＿＿＿、＿＿＿＿＿和＿＿＿＿＿。

2. Java 中的循环结构主要有＿＿＿＿＿、＿＿＿＿＿和＿＿＿＿＿。

二、判断题

1. Java 中数组元素的数据类型可以不一样。　　　　　　　　　　　　　（　　）

2. Java 中 if 选择结构的判断条件可以为数字类型。　　　　　　　　　（　　）

3. 数组的长度可以根据程序的需求变化。　　　　　　　　　　　　　　（　　）

4. for 循环结构的小括号内可以什么都不写。　　　　　　　　　　　　（　　）

5. while 循环结构的特点是先执行，再判断。　　　　　　　　　　　　（　　）

三、选择题

1. 下列哪个不是 switch 选择结构的关键字？（　　　　）

A. case　　　　　　B. break　　　　　　C. default　　　　　　D. continue

2. 多重 if 结构中的 else if 代码块可以有几个？（　　　　）

A. 2 个　　　　　　B. 3 个　　　　　　C. 10 个　　　　　　D. 无数个

3. 下列关于循环结构的说法中正确的是（　　　　）。

A. 循环结构必定会执行一次，不管判断条件是真还是假。

B. 循环结构的循条件表达式结果可以是数字。

C. 循环必须能结束，否则会报错。

D. 循环结构尽量不要出现死循环。

四、简答题

1. 简述 Java 的循环结构，并说明各个循环结构的特点。

2. 简述 Java 中数组的作用。

五、编程题

1. 编程计算当前日是今年的第几天。注意区分大小月以及 2 月的天数。

2. 某航空公司对售票系统进行调整：每年的 11 月到次年的 3 月为淡季，4—10 月为旺季；座位分为经济舱和头等舱；机票的原价为 5 000 元。现在设定：淡季时经济舱票价为 6 折，头等舱票价为 7 折；旺季时经济舱票价为 9 折，头等舱票价不打折。编程序实现如下功能：输入舱位和月份，输出票价。

项目 4

实现国防武器信息展示系统（一）

【项目导入】

本项目主要讲述 Java 面向对象、Java 封装、Java 构造方法，Java 关键字。掌握 Java 中面向对象的基本原理和技巧，从而更好地进行软件开发和设计。解决代码组织和复用、数据安全性和可靠性、代码的修改和维护、对象的初始化和属性赋值等问题，从而提高代码的可读性、可维护性和可扩展性。

【项目目标】

（1）掌握 Java 类和对象。
（2）掌握 Java 封装。
（3）掌握 Java 构造方法。
（4）掌握 Java 关键字。

【素质目标】

（1）树立规范、严谨的工作作风，形成基本的职业素质。
（2）了解行业发展情况和最新动态。

任务1 使用类和对象存储武器信息

4.1.1 Java 类和对象

1. Java 类和对象的介绍

Java 类是用来描述具有相同属性和行为的对象的模板或蓝图。在 Java 中，所有代码都必须位于类中。Java 类由属性（也称为字段或成员变量）的方法组成。属性用来描述类的特征，方法则用来描述类的行为。

Java 对象是类的实例。在 Java 中，通过关键字 new 创建类的实例。通过创建对象，可以使用类中定义的属性和方法，从而实现对数据和行为的有效组织和管理。

类和对象的关系示意如图 4-1 所示。

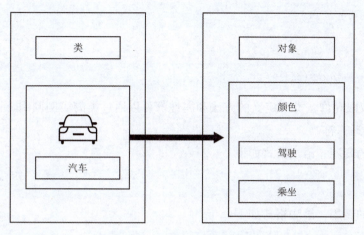

图 4-1   类和对象的关系示意

2. Java 类的语法格式

Java 类的语法格式如下。

```
[修饰符] class 类名{
    定义构造方法；
    定义属性；
    定义方法；
}
```

在上述语法格式中，修饰符可以是 public、final、abstract 或完全省略；类名只要是一个合法的标识符即可，但这仅满足了 Java 的语法要求，从程序的可读性而言，Java 类名必须是由一个或多个有意义的单词组合而成的，每个单词首字母大写，其他字母全部小写，单词与单词之间不要使用任何分隔符。

对一个类定义而言，可以包含 3 个最常见的成员，即构造方法、属性和方法。3 个成员都可以定义零个或多个，如果 3 个成员都只定义零个，就是定义了一个空类，它没有实际意义。

3. Java 对象的创建和使用

在 Java 中创建对象的根本途径是通过 new 关键字调用某个类的构造方法，即可创建该类的实例。

创建对象的步骤如下。

（1）声明对象。对象的声明和基本类型数据的声明在形式上是一样的，语法格式如下。

```
类名 对象名
```

例如：

```
Weapon weapon;
```

（2）实例化对象。使用 new 关键字调用类的构造方法实例化对象，语法格式如下。

```
对象名=new 构造方法();
```

例如:

```
weapon=new Weapon();
```

如果访问权限允许,类中定义的方法和属性都可以通过类的实例调用。调用属性或方法时要使用"."运算符。

(3) 属性的调用,语法格式如下。

```
对象名.属性
```

(4) 方法的调用,语法格式如下。

```
对象名.方法名([参数])
```

4.1.2 编写类和对象来存储武器信息

【需求分析】

(1) 创建一个武器类(Weapon),该类中有 3 个成员变量 name、distance、describe。

(2) name 表示武器名称,age 表示武器射程,describe 表示武器描述。

(3) 武器库中有一支枪。

(4) 武器名称:95 式自动步枪;武器射程:1 500[①];武器描述:95 式自动步枪(简称 95 式,又称:QBZ95 式自动步枪),是由中国兵器装备集团公司 208 研究所研制的一款突击步枪。

(5) 将数据输出到控制台中。

【需求难点】

(1) Java 类中属性的选择和定义。

(2) Java 类中对象的创建。

【步骤】

(1) 创建一个名为"Weapon"的武器类。代码如下。

```
//创建武器类
public class Weapon{


}
```

(2) 在 Weapon 类中创建 3 个字段:name(武器名称)、distance(武器射程)和 describe(武器描述)。代码如下。

---

① 如前,为了简单起见,未加单位。后面类似情况不再说明。

```
//创建武器类
public class Weapon{
    public String name;      //武器名称
    public double distance;   //武器射程
    public String describe;   //武器描述
}
```

（3）创建一个名为"WeaponTest"的武器测试类。代码如下。

```
//创建武器类测试类
public class WeaponTest{

}
```

（4）在 WeaponTest 类中创建一个名为"Weapon"的武器对象，并为其字段赋值，最后输出武器对象的字段值。代码如下。

```
//创建武器类测试类
public class WeaponTest{
    public static void main(String[] args){
    //创建武器对象
    Weapon weapon=new Weapon();
    //通过武器对象向武器类字段赋值
    weapon.name="95 式自动步枪";
    weapon.distance=1500;
    weapon.describe="95 式自动步枪(简称 95 式,又称:QBZ95 式自动步枪),是由中国兵器装备
集团公司 208 研究所研制的一款突击步枪";
    System.out.println("武器名称:"+weapon.name);
    System.out.println("武器射程:"+weapon.distance);
    System.out.println("武器描述:"+weapon.describe);
    }
}
```

代码运行结果如图 4-2 所示。

武器名称：95式自动步枪
武器射程：1500.0
武器描述：95式自动步枪（简称95式，又称：QBZ95式自动步枪），是由中国兵器装备集团公司208研究所研制的一款突击步枪

图 4-2　代码运行结果

4.1.3　学生实践练习

【需求说明】

（1）创建一个学生类（Student），该类中有 3 个成员变量 name、age、studentId。

（2）name 表示学生姓名，age 表示学生年龄，studentId 表示学生学号。

（3）班级里有一位同学。

（4）姓名：张三；年龄：20；学号：202311006。

（5）将数据输出到控制台中。

【实现思路】

（1）创建学生类（Student）。

（2）在该类中创建 String 类型的 name，int 类型的 age，int 类型的 studentId。

（3）创建主方法。

（4）在主方法中创建 Student 对象，使用 Student 对象进行字段赋值。

（5）在控制台中输出学生信息。

【参考代码】

参考代码如下。

```java
//创建学生类
public class Student {
    String name;//学生姓名
    int age;//学生年龄
    int studentId;//学生学号

    //主方法
    public static void main(String[] args) {
        //创建学生类对象
        Student student = new Student();
        //通过学生对象进行字段赋值
        student.name = "张三";
        student.age = 20;
        student.studentId = 202311006;
        //在控制台中输出学生信息
        System.out.println("姓名:"+student.name);
        System.out.println("年龄:"+student.age);
        System.out.println("学号:"+student.studentId);
    }
}
```

代码运行结果如图 4-3 所示。

姓名：张三
年龄：20
学号：202311006

图 4-3 代码运行结果

任务 2　使用封装优化武器信息

4.2.1　封装的概念

在现实生活中，封装的例子随处可见，例如：遥控器可以看作一个封装单元，它包含了控制电视或者其他设备的各种按钮和功能，用户只需要按下对应的按钮来完成操作，而不需要知道遥控器内部的电路和通信协议；手机可以看作一个封装单元，它包含了各种功能（如打电话、发短信、拍照、播放音乐等），用户只需要通过界面提供的按钮或者操作提示来完成相应的功能，而不需要了解手机内部的硬件和软件实现。

封装特性示意如图 4-4 所示。

图 4-4　封装特性示意

在 Java 中，通过封装，可以将类的属性隐藏起来，只允许通过特定的方法进行访问和修改。这样可以防止外部代码直接操作属性，从而保护数据的完整性和安全性。

封装的实现方式是通过访问控制符和关键字来限制对类的属性和方法的访问和修改。

在 Java 中，访问控制符包括以下几种。

（1）private：私有访问控制符，只能在当前类中访问。

（2）default：默认访问控制符，如果不指定任何访问控制符，就是默认访问级别，只能在当前包中访问。

（3）protected：受保护的访问控制符，可以在当前包及其子类中访问。

（4）public：公共访问控制符，可以在任何位置访问。

4.2.2　私有关键字介绍

在 Java 中，通过使用 private 关键字可以将类的成员（属性和方法）声明为私有的，这意味着只有在同一个类内部才能访问这些私有成员，外部代码无法直接访问它们。这种封装特性能够严格控制类的内部状态，并通过公有的方法来实现对私有成员的间接访问和操作。

通过使用 private 关键字，可以隐藏类的实现细节，提供更好的封装性和安全性。这有助于减少意外修改和不当访问，从而提高代码的可靠性和可维护性。

4.2.3 公开访问方法

在 Java 中，通常使用公开的 setter 和 getter 方法来访问私有属性。这些方法允许其他类通过调用它们来间接地访问和修改私有字段的值。使用公开的 setter 和 getter 方法有助于实现封装，同时允许对属性的访问进行更多控制和验证。这种做法也符合面向对象编程的封装原则，使代码更加清晰易懂和易维护。

4.2.4 编写封装武器类

【需求分析】

在实际开发过程中将类的内部数据隐藏起来，只暴露必要的方法供外部使用。这样可以防止外部代码直接访问和修改对象的内部状态，提高了代码的安全性。

【需求难点】

（1）Java 类中封装的作用。

（2）Java 类中数据安全的重要性。

【步骤】

（1）将武器类的属性私有化，代码如下。

```
public class Weapon{
    private String name;     //武器名称
    private double distance;  //武器射程
    privateString describe;   //武器描述
}
```

（2）编写 setter 和 getter 方法，代码如下。

```
//获取武器名称
public String getName() {
  return name;
}
//设置武器名称
public void setName(String name) {
  if(name.length()>=5){
    this.name=name;
    }else{
        System.out.println("名称必须不少于五位数");
    }
}
//获取武器射程
```

```
public double getDistance() {
    return distance;
}
//设置武器射程
public void setDistance(double distance) {
    this.distance=distance;
}
//获取武器描述
public String getDescribe() {
    return describe;
}
//设置武器描述
public void setDescribe(String describe) {
    If(describe.length()>=10){
        this.describe=describe;
    }else{
        System.out.println("描述不得少于10位数");
    }

}
```

（3）调用 getter 方法获取数据，代码如下。

```
//实例化武器类
Weapon weapon=new Weapon();
//武器名称赋值
weapon.setName("东风-41弹道导弹");
//武器射程赋值
weapon.setDistance(8000);
//武器描述赋值
weapon.setDescribe("东风-41弹道导弹研制周期短、可靠性高,反应速度快、机动性能好,射程更
远、精度更高");
System.out.println("武器名称:"+weapon.getName());
System.out.println("武器射程:"+weapon.getDistance()+"公里");
System.out.println("武器描述:"+weapon.getDescribe());
```

代码运行结果如图 4-5 所示。

武器名称：东风-41弹道导弹
武器射程：8000.0公里
武器描述：东风-41弹道导弹研制周期短、可靠性高，反应速度快、机动性能好，射程更远、精度更高

图 4-5　代码运行结果

┌───┐

知识加油站

　　Java 中的 setter 和 getter 方法是用来操作和访问对象的属性（成员变量）的方法。它们通常用于实现封装，即通过公开的方法来操控对象内部数据的访问。

　　（1）setter 方法：用于设置对象的属性数值，通常以"set"开头，后面跟属性名称的命名规则，如 setName（String name）。调用 setter 方法，可以为对象的属性赋值。

　　（2）getter 方法：用于获取对象的属性数值，通常以"get"开头，后面跟属性名称的命名规则，如 getName( )。通过 getter 方法，可以获取对象的属性值。

　　对一个类或者对象实现良好的封装，可以实现以下目的。

　　（1）隐藏类的实现细节。

　　（2）让使用者只能通过事先预定的方法访问数据，从而可以在该方法中加入控制逻辑，限制对数据的不合理访问。

　　（3）可以进行数据检查，从而有利于保证对象信息的完整性。

　　（4）便于修改，提高代码的可维护性。

　　实现良好的封装，需要考虑以下两个方面。

　　（1）隐藏对象的属性和实现细节，不允许外部代码直接访问。

　　（2）暴露方法，让方法控制对这些属性进行安全的访问和操作。

　　因此，封装实际上有两个方面的含义：隐藏该隐藏的，暴露该暴露的。

└───┘

4.2.5 学生实践练习

【需求说明】

　　（1）实现一个手机类（Phone），具有 brand、model、color、price 属性。

　　（2）brand 表示手机的品牌，model 表示手机的型号，color 表示手机的颜色，price 表示手机的价格。

　　（3）一部手机的信息如下。

　　①品牌：华为；②型号：华为 Mate60；③颜色：黑色；④价格：5 400.00。

　　（4）将数据输出到控制台中。

【实现思路】

　　（1）创建手机类（Phone）。

　　（2）在该类中创建 String 类型的 brand、String 类型的 model、String 类型的 color、String 类型的 price，并对这些属性私有化。

　　（3）创建对应的公开 setter 和 getter 方法。

　　（4）创建主方法。

　　（5）在主方法中创建 Phone 对象，使用对象调用 setter 和 getter 方法，设置和获取数据。

　　（6）在控制台中输出手机信息。

【参考代码】

参考代码如下。

```java
public class Phone {
    private String brand;//手机品牌
    private String model;//手机型号
    private String color;//手机颜色
    private double price;//手机价格

    //获取手机品牌
    public String getBrand() {
        return brand;
    }
    //设置手机品牌
    public void setBrand(String brand) {
        this.brand=brand;
    }
    //获取手机型号
    public String getModel() {
        return model;
    }
    //设置手机型号
    public void setModel(String model) {
        this.model=model;
    }
    //获取手机颜色
    public String getColor() {
        return color;
    }
    //设置手机颜色
    public void setColor(String color) {
        this.color=color;
    }
    //获取手机价格
    public double getPrice() {
        return price;
    }
    //设置手机价格
    public void setPrice(double price) {
```

```
        this.price=price;
    }

    public static void main(String[] args) {
        //创建手机对象
        Phone phone=new Phone();
        //赋值
        phone.setBrand("华为");
        phone.setModel("华为 Mate 60");
        phone.setColor("黑色");
        phone.setPrice(5400.00);
        //控制台输出
        System.out.println("手机品牌:"+phone.getBrand());
        System.out.println("手机型号:"+phone.getModel());
        System.out.println("手机颜色:"+phone.getColor());
        System.out.println("手机价格:"+phone.getPrice());
    }
}
```

代码运行结果如图 4-6 所示。

手机品牌: 华为
手机型号: 华为 Mate 60
手机颜色: 黑色
手机价格: 5400.0

图 4-6　代码运行结果

任务 3　使用构造方法创建武器实例

4.3.1　构造方法介绍

在 Java 中，构造方法是一个特殊的方法，用于在创建对象时进行初始化。它的名称与类相同，没有方法的返回类型，包括 void。构造方法在使用 new 关键字实例化对象时会被调用，用于对对象的初始状态进行设置。

构造方法的作用在于确保对象在创建时能够达到一个合理的状态，从而避免未初始化所导致的问题。通过构造方法，可以在对象被实例化时就对其初始化，使代码更加健壮和可靠。

需要注意的是，Java 中还存在另一种形式的构造方法，即无参构造方法（默认构造方法）。如果在类中没有显式地定义任何构造方法，则 Java 会为其提供一个默认的无参构造方法。但是，如果定义了有参构造方法，则必须显式地定义无参构造方法，否则在某些情况下可能出现编译错误。

4.3.2　编写构造方法

【需求分析】

在实际开发过程中明确对象在创建时需要哪些必要的参数和初始值，以及是否允许使用默认值。这样可以提高代码的可读性和可维护性，同时符合面向对象编程的规范。

【需求难点】

（1）Java 类中构造方法的可见性和访问权限。

（2）Java 类中的构造方法重载与参数组合。

【步骤】

（1）创建构造方法，代码如下。

```java
//无参构造方法
public Weapon() {
}
//有参构造方法
public Weapon(String name, double distance, String describe) {
    this.name=name;
    this.distance=distance;
    this.describe=describe;
}
```

（2）实例化对象，代码如下。

```java
//创建对象
Weapon weapon=new Weapon(
"56 式自动步枪",
    1000,
    "56 式自动步枪是仿制苏联 AK-47 自动步枪的产品。是中国生产和装备量最大的自动步枪,至今仍在装备部队。");

System.out.println("武器名称:"+weapon.getName());
System.out.println("武器射程:"+weapon.getDistance()+"公里");
System.out.println("武器描述:"+weapon.getDescribe());
```

代码运行结果如图 4-7 所示。

武器名称：**56式自动步枪**
武器射程：**1000.0**
武器描述：**56式自动步枪是仿制前苏联AK-47自动步枪的产品。是中国生产和装备量最大的自动步枪，至今仍在装备部队。**

图 4-7　代码运行结果

4.3.3　学生实践练习

【需求说明】

（1）实现一个遥控器类（RemoteControl），具有 isOn、curentChannel 属性。

（2）isOn 表示遥控器的打开状态，curentChannel 表示遥控器的切换频道。

（3）遥控器的信息如下。

①状态：遥控器打开了电视；②频道：CCTV 1。

（4）将数据输出到控制台中。

【实现思路】

（1）创建遥控器类（RemoteControl）。

（2）在该类中创建 boolean 类型的 isOn（true 表示开启，false 表示关闭）、String 类型的 curentChannel。

（3）创建构造方法，用于传递状态和频道两个参数。

（4）创建主方法。

（5）在主方法中创建 RemoteControl 对象，并传递相应的实参。

（6）在控制台中输出遥控器的信息。

【参考代码】

参考代码如下。

```java
public class RemoteControl {
    private boolean isOn;//状态
    private String currentChannel;//频道

    public RemoteControl(boolean isOn, String currentChannel) {
        this.isOn=isOn;
        this.currentChannel=currentChannel;
        //如果状态等于true
        if(isOn){
            System.out.println("遥控器打开了电视");
            System.out.println("切换频道:"+this.currentChannel);
        }else {
            System.out.println("遥控器没有打开电视");
        }
```

```
    }

    public static void main(String[] args) {
        RemoteControl remoteControl = new RemoteControl(true,"CCTV 1");


    }
}
```

代码运行结果如图 4-8 所示。

遥控器打开了电视
切换频道：CCTV 1

图 4-8　代码运行结果

任务 4　使用 this 和 static 关键字实现调用

4.4.1　this 和 static 关键字介绍

在 Java 中，this 关键字是一个引用，指向当前对象的实例。在实例方法中，可以使用 this 关键字引用当前类的成员变量、成员方法或者构造方法。this 关键字通常用于区分实例变量与局部变量同名的情况，也可以在构造方法中调用其他构造方法。

在 Java 中，static 关键字用于创建成员变量和成员方法，成员变量属于类，而不是类的实例，因此所有实例共享同一份成员变量。成员方法不依赖实例，可以直接通过类名称调用，无须实例化对象。在静态方法中不能直接访问实例变量或方法，因此它们不依赖特定的对象调用。

4.4.2　编写 this 和 static 实例

【需求分析】

在实际开发中，为了更好地组织和管理成员，提高代码的可读性和可维护性，需要在类的方法中访问对象的属性时使用 this 关键字引用对象的实例。当需要定义一个与类相关，但不与特定实例相关的属性或方法时，可以考虑使用 static 关键字定义静态成员。

【需求难点】

（1）在 Java 类区分实例成员和静态成员。

（2）在 Java 类的静态方法中访问实例成员。

（3）Java 类中实例化对象的方法调用。

（4）Java 类中静态方法调用静态成员。

【步骤】

（1）添加静态属性 count，表示武器数量并设置初始值为 0，代码如下。

```
private static int count=0;//武器数量
```

（2）创建普通方法 displayWeaponInfo，显示武器信息，并输出当前属性信息，代码如下。

```
//显示武器信息
public void displayWeaponInfo() {
this.name="QJY88 式通用机枪";
this.distance=1500;
this.describe="QJY88 式通用机枪自动方式采用导气式,采用枪机回转式闭锁机构," +
    "供弹机构一改传统双程输弹模式而采用单程后坐输弹,机枪的输弹由自动机后坐来完成。";
System.out.println("武器名称"+this.name);
System.out.println("武器射程"+this.distance);
System.out.println("武器描述"+this.describe);
}
```

（3）创建静态方法 displayTotalWeapons，显示武器数量，并输出武器数量，代码如下。

```
//显示武器数量
public static void displayTotalWeapons(){
Count=112;
//静态方法中无法直接访问非静态资源,需要通过实例应用
    System.out.println("武器数量"+count );
}
```

（4）实例化调用普通方法和静态方法，代码如下。

```
public static void main(String[] args) {
    Weapon weapon=new Weapon();
    //调用非静态方法
    weapon.displayWeaponInfo();
    //调用静态方法
    Weapon.displayTotalWeapons();
}
```

代码运行结果如图 4-9 所示。

武器名称QJY88式通用机枪
武器射程1500.0
武器描述QJY88式通用机枪自动方式采用导气式,采用枪机回转式闭锁机构,供弹机构一改传统双程输弹模式而采用单程后坐输弹,机枪的输弹由自动机后坐来完成.
武器数量112

图 4-9   代码运行结果

> **知识加油站**
>
> Java 中的 this 关键字的应用场景如下。
>
> （1）在大多数情况下，在方法中访问类中的实例成员变量无须使用 this 关键字，如果方法中的一个局部变量和实例变量同名，但程序又需要在该方法中访问该实例变量，则必须使用 this 关键字。
>
> （2）在同一个类中，this 关键字可以用于在非静态的方法中进行方法的调用，但是需要注意的是：this 关键字无法使用在静态的方法或者语句块中。
>
> （3）在同一个类中，this 关键字可以进行构造方法的调用，并且只能用在第一行的位置。

4.4.3　学生实践练习

【需求说明】

（1）实现一个人类（Person），具有私有的 name 属性和私有的静态 count 属性。
（2）name 表示学生姓名，count 表示数量。
（3）人类的信息如下。
①姓名：张三；②数量：1。
（4）将数据输出到控制台中。

【实现思路】

（1）创建人类（Person）。
（2）在人类中创建 String 类型的 name、int 类型的 count。
（3）创建构造方法传递姓名和数量两个参数，并通过 getter 方法获取数据。
（4）创建主方法。
（5）在主方法中创建 Person 对象，并传递姓名参数，每有一个人名数量就加 1。
（6）在控制台中输出人信息。

【参考代码】

参考代码如下。

```java
public class Person {
    private String name;//姓名
    private static int count;//人数

    public Person(String name) {
        this.name=name;
        count++;//人数自增加 1
```

```
    }

    //获取姓名
    public String getName() {
        return name;
    }

    //获取人数
    public static int getCount() {
        return count;
    }

    public static void main(String[] args) {
        Person person1 = new Person("张三");
        System.out.println("姓名: "+person1.getName());
        System.out.println("人数: "+Person.getCount());

        Person person2 = new Person("李四");

        System.out.println("姓名: "+person2.getName());
        System.out.println("人数: "+Person.getCount());
    }
}
```

代码运行结果如图 4-10 所示。

姓名: 张三
人数: 1
姓名: 李四
人数: 2

图 4-10　代码运行结果

【项目小结】

本项目首先介绍了 Java 的类和对象的概念和相关案例；其次介绍了 Java 的封装，以实现信息隐藏和保护数据的安全性；然后编写构造方法，用于在创建对象时初始化对象的状态；最后使用 this 关键字调用当前对象的引用——static 关键字用来创建类变量和方法，它们属于类而不是对象。类和对象是面向对象编程的基础，封装有助于保护数据，构造方法用于对象的初始化，this 关键字用于引用当前对象的属性和方法，static 关键字用于创建类变量和方法。这些概念是 Java 编程中非常重要的基础知识，对于理解和设计复杂的系统至关重要。

【技能强化】

一、填空题

1. 构造方法是一种特殊类型的方法，用于在创建对象时初始化对象的_____。

2. 封装通过将数据和操作数据的方法作为一个单元封装起来，实现信息隐藏和保护数据的_____。

3. 在构造方法中使用_____关键字来引用当前对象的属性和方法。

4. static 关键字用于创建类变量和_____。

5. 在 Java 中，_____表示私有访问控制符，只能在当前类中访问；_____表示公共访问控制符，可以在任何位置访问。

二、判断题

1. 类是对象的实例化模板。　　　　　　　　　　　　　　　　　　（　　　）

2. 封装可以隐藏类的内部实现细节并保护数据。　　　　　　　　　（　　　）

3. 构造方法的名称必须与类的名称完全一致。　　　　　　　　　　（　　　）

4. this 关键字可以在静态方法中使用。　　　　　　　　　　　　　（　　　）

5. static 关键字用于修饰成员变量，使其成为类级别的变量，被所有实例共享。（　　　）

三、选择题

1. 在 Java 中，封装的主要目的是（　　　）。

A. 简化代码结构　　　　　　　　　B. 防止数据被非法访问和修改

C. 提高代码的执行效率　　　　　　D. 实现多态

2. 下列哪个选项描述了构造方法的特点？（　　　）

A. 构造方法可以有返回类型　　　　B. 构造方法可以任意取名

C. 构造方法在对象创建时被自动调用　D. 构造方法可以被继承

3. this 关键字在 Java 中表示（　　　）。

A. 当前类的实例　　　　　　　　　B. 当前类的静态成员

C. 当前方法的返回值　　　　　　　D. 无特定含义

4. static 关键字用于修饰（　　　）。

A. 方法　　　　　　　　　　　　　B. 类变量

C. 实例变量　　　　　　　　　　　D. 上述所有对象

5. 当在构造方法中使用 this 关键字时，它的主要作用是（　　　）。

A. 引用当前类的静态方法　　　　　B. 引用当前类的实例变量

C. 引用父类的成员　　　　　　　　D. 引用其他类的实例变量

四、简答题

1. 简述 Java 构造方法的作用。

2. 简述 Java 封装的作用。

五、编程题

1. 编写一个 Java 类，代表一个学生。该类具有以下属性：姓名、年龄、学号。实现相应的构造方法和 setter/getter 方法。

2. 编写一个 Java 类，代表一个计算器。该类具有一个静态方法 add( )，用于接收两个整数作为参数，返回它们的和。

3. 编写一个 Java 类，代表一个汽车。该类具有品牌、型号、颜色 3 个属性，以及 1 个静态计数器，用于记录创建的汽车对象数量。实现相应的构造方法来获取和设置属性，并在构造方法中更新汽车对象数量。

项目 5

实现国防武器信息展示系统（二）

【项目导入】

本项目主要讲述 Java 面向对象编程的非常重要的三大特性（封装、继承、多态）中的两大特性——继承和多态，以及在实际项目开发中使用非常广泛的抽象类和接口。这几个知识点是实现代码复用性的重要工具。合理地使用继承可以提高代码的重用性。多态更是面向对象程序设计的精髓所在，通过多态机制能够极大地提高代码的可扩展性和可读性，便于代码的后期维护。抽象类以及接口的使用能够让代码的复用性以及扩展性变得更加简便。

【项目目标】

（1）掌握 Java 继承的重要概念以及定义。

（2）掌握 Java 继承中方法的重载与重写。

（3）了解多态的动态绑定机制以及使用。

（4）掌握抽象类和接口的定义。

（5）掌握接口的方法声明以及接口的相关特性。

【素质目标】

（1）树立文化自信，传承华夏精神。

（2）增强对国家国防力量的新认识和自信心。

（3）根据项目的立意可以讲解文化继承和继承特性之间的类似性。

任务 1　完成继承对国防武器的实践

5.1.1　继承概述

继承是面向对象程序设计的一个重要特征，它是通过继承原有类派生出子类，进而构造更为复杂的子类。子类既有新定义的行为特征，又继承了原有类的行为特征，这使子类对象（实例）具有父类的实例域和方法。子类从父类继承方法，使子类具有与父类相同的行为。

继承是从已有的类中派生出新类，新类能够吸收已有类的数据属性和行为，并能够扩展新的能力。因此，Java 继承是面向对象程序设计的最显著的一个特征。

在现实世界中，继承的案例随处可见。例如：老虎、狮子、熊猫、狼，它们都具有动物的基本特征和行为，因此它们都是动物；小汽车、货车、公共汽车，它们都具有车的基本特征和行为，因此它们都被称为车。

代码中的继承关系示意如图 5-1 所示。

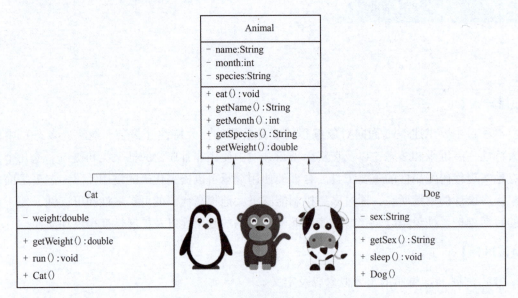

图 5-1　代码中的继承关系示意

分析现实生活中的例子可知，父类与子类存在包含与被包含的关系，是一种 is-a 的关系。可以说动物包括企鹅、猴子、奶牛，也可以说企鹅、猴子、奶牛都是动物的一种。可以进一步这样认为：父类更为通用，子类更为具体。子类除了可以沿用父类的特征和行为外，还可以定义自己的一些特殊特征与行为。

在 Java 中继承可以在现有类的基础上进行功能的扩展，这样能够更加快速地开发出新类，使新类不仅可以复用当前类的特征和行为，而且可以定义自己的特征和行为。

5.1.2　继承的语法

Java 的继承使用 extends 关键字实现，实现继承的类被称为子类，被继承的类被称为父类，也被称为基类、超类。父类和子类的关系是一般和特殊的关系。

继承的语法格式如下。

```
[修饰符] class 子类名 [extends 父类名]{
    //类定义部分
}
```

注意：子类可以继承父类中访问权限修饰符为 public、protected、default 的成员变量和方法，实现继承的关键字为 extends。

5.1.3　继承的实现

【需求分析】

项目 4 主要完成了国防武器的封转实现，读者已经掌握了类的封装和基本的实现，现在有以下需求需要创建对应的类实现。

在国防武器中有 95 式自动步枪（Rifle）、51 式半自动手枪（Pistol）两个武器类，其要求如下。

｛Rifle 类的属性：武器名（name）、攻击值（attackValue）；方法：攻击（attack）｝

｛Pistol 类的属性：武器名（name）、攻击值（attackValue）；方法：攻击（attack）｝

【步骤】

（1）创建 Rifle 类，代码如下。

```java
public class Rifle {
    private String name;//武器名
    private int attackValue;//攻击力
    //TODO 无参构造方法
    public Rifle() {
    }
    //TODO 有参构造方法
    public Rifle(String name, int attackValue) {
        this.name=name;
        this.attackValue=attackValue;
    }
    public String getName() {
        return name;
    }
    public void setName(String name) {
        this.name=name;
    }
    public int getAttackValue() {
        return attackValue;
    }
    public void setAttackValue(int attackValue) {
        this.attackValue=attackValue;
    }
    //TODO 攻击方法
    public void attack(){
        System.out.println("武器名:"+name+"攻击力:"+attackValue);
    }
}
```

（2）创建 Pistol 类，代码如下。

```java
public class Pistol {
    private String name;//武器名
    private int attackValue;//攻击力
    //TODO 无参构造方法
    public Pistol() {
    }
    //TODO 有参构造方法
    public Pistol(String name, int attackValue) {
        this.name=name;
        this.attackValue=attackValue;
    }
    public String getName() {
        return name;
    }
    public void setName(String name) {
        this.name=name;
    }
    public int getAttackValue() {
        return attackValue;
    }
    public void setAttackValue(int attackValue) {
        this.attackValue=attackValue;
    }
    //TODO 攻击方法
    public void attack() {
        System.out.println("武器名:"+name + "攻击力:"+attackValue);
    }
}
```

由上面的两种武器类可以看出，两者存在相同的属性，两个类的代码几乎是相同的，存在大量重复性代码，此时为了方便进行代码的扩展和提高维护性，可以将其中大量相同的代码抽取出来，形成一个共同的类，这个类包含它们现有的相同特征，且之后能够直接在该类上进行代码的扩写。

参考以下代码示例。

（1）创建一个武器父类，代码如下。

```java
public class Weapons{
    private String name;//武器名
    private int attackValue;//攻击力
```

```java
    //TODO 无参构造方法
    public Weapons() {
    }
    //TODO 有参构造方法
    public Weapons(String name, int attackValue) {
        this.name=name;
        this.attackValue=attackValue;
    }
    public String getName() {
        return name;
    }
    public void setName(String name) {
        this.name=name;
    }
    public int getAttackValue() {
        return attackValue;
    }
    public void setAttackValue(int attackValue) {
        this.attackValue=attackValue;
    }
    //TODO 攻击方法
    public void attack() {
        System.out.println("武器名:"+name + "攻击力:"+attackValue);
    }
}
```

（2）创建子类自动步枪类，代码如下。

```java
public class Rifle extends Weapons {
    //TODO 有参构造方法
    public Rifle(String name, int attackValue) {
        this.name=name;
        this.attackValue=attackValue;
    }
}
```

（3）创建子类自动手枪类，代码如下。

```java
public class Pistol extends Weapons {
    //TODO 有参构造方法
    public Pistol (String name, int attackValue) {
```

```
        this.name=name;
        this.attackValue=attackValue;
    }
}
```

（4）创建一个武器中的其他子类，例如 055 驱逐舰 Destroyer 类，代码如下。

```
public class Destroyer extends Weapons {
    //TODO 有参构造方法
    public Destroyer (String name, int attackValue) {
        this.name=name;
        this.attackValue=attackValue;
    }
}
```

（5）创建一个测试类用于测试，代码如下。

```
public class AppTest {
    public static void main(String[] args) {
        Pistol pistol=new Pistol("95",75);
        Rifle rifle=new Rifle("51",50);
        Destroyer destroyer=new Destroyer("055",90);

        pistol.attack();
        rifle.attack();
        destroyer.attack();
    }
}
```

代码运行结果如图 5-2 所示。

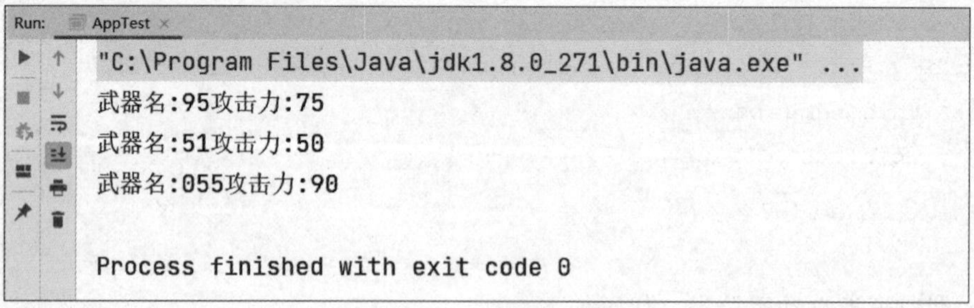

图 5-2　代码运行结果

由代码运行结果可以发现，各个子类输出的内容和父类中定义的输出内容一致，由此可见，子类继承父类能够帮助开发人员快速地创建具有同样特征子类并进行代码的扩展，减少代码的重复，提高开发效率。

4. 学生实践练习

【实践说明】

要求创建一个动物类（Animal）作为父类，创建一个猫类（Cat）子类，创建一个狗类（Dog）子类，其中都会显示动物的名字、动物的品种、动物的颜色。代码及其运行结果如图 5-3 所示。

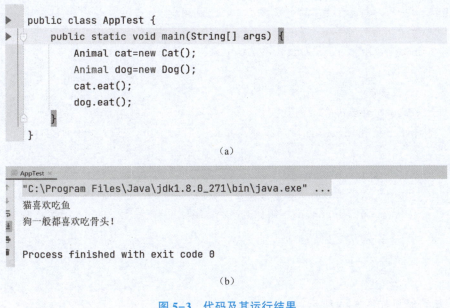

```
public class AppTest {
    public static void main(String[] args) {
        Animal cat=new Cat();
        Animal dog=new Dog();
        cat.eat();
        dog.eat();
    }
}
```

（a）

```
AppTest ×
"C:\Program Files\Java\jdk1.8.0_271\bin\java.exe" ...
猫喜欢吃鱼
狗一般都喜欢吃骨头！

Process finished with exit code 0
```

（b）

图 5-3　代码及其运行结果

（a）代码；（b）运行结果

任务 2　掌握继承方法重载与重写

5.2.1　方法重载

方法重载，是指一个类中的多个方法可以具有相同的名称，但这些方法的参数必须不同，在执行时可以根据其参数个数与类型，判断要调用此方法的哪种操作。这些同名方法可按程序的需要自行定义。

由此可以得出结论：方法重载的重点在于具有相同的方法名称，具有不同数据类型或者参数个数的方法，其返回值类型可以不同。

方法重载的规则如下。

（1）方法名称必须相同。

（2）方法的参数列表表示不同：参数的个数不同，参数的数据类型不同，参数的顺序不同。

（3）方法的返回值的数据类型不做要求。

方法重载的示例如下。

在 Rifle（自动步枪）类中添加一个具有重载的方法，代码如下。

```java
public class Rifle {
    private String name;//武器名
    private int attackValue;//攻击力
    //TODO 有参构造函数
    public Rifle(String name, int attackValue) {
        this.name=name;
        this.attackValue=attackValue;
    }
    //TODO 攻击方法
    public void attack() {
        System.out.println("武器名:"+name + "攻击力:"+attackValue);
    }
    //TODO 方法重载
    public void attack(double price) {
        System.out.println("武器名:"+name + "攻击力:"+attackValue+"价值:"+
price);
    }
}
```

代码运行结果如图 5-4 所示。

```
***********方法一***********
武器名:51攻击力:50
***********重载方法***********
武器名:51攻击力:50价值:1000.0
```

图 5-4 代码运行结果

总结：简而言之，在方法重载中，方法名称相同，以便实现类似的功能，但是方法的参数个数和参数的数据类型不同，返回值可以相同。

5.2.2 方法重写

在类层次中，如果子类的一个方法和超类的某个方法具有相同的名称和类型签名，那么称子类中的整个方法重写了超类中相应的方法。子类在继承父类（基类）时，需要扩展对应的功能以增加额外的功能，此时子类方法就需要重写父类方法，实现子类特有的特性和功能。

方法重写在子类方法继承父类方法时使用，以方便扩展子类的特性。

示例如下所示。

（1）创建的父类为武器类（Weapons 类），代码如下。

```java
public class Weapons{
    private String name;//武器名
    private int attackValue;//攻击力
    //TODO 无参构造方法
    public Weapons() {

    }
    //TODO 有参构造方法
    public Weapons(String name, int attackValue) {
        this.name=name;
        this.attackValue=attackValue;
    }
    public String getName() {
        return name;
    }
    public void setName(String name) {
        this.name=name;
    }
    public int getAttackValue() {
        return attackValue;
    }
    public void setAttackValue(int attackValue) {
        this.attackValue=attackValue;
    }
    //TODO 攻击方法
    public void attack() {
        System.out.println("武器名:"+name + "攻击力:"+attackValue);
    }
}
```

（2）创建子类圣剑类（Sword 类），代码如下。

```java
public class Sword extends Weapons{
@Override
public void attack() {
        System.out.println("我是 Sword 子类中的重写父类的方法");
    }
}
```

（3）创建子类长矛类（Spear 类），代码如下。

```
public class Spear extends Weapons{
@ Override
public void attack() {
        System.out.println("我是 Spear 子类中的重写父类的方法");
    }
}
```

代码运行结果如图 5-5 所示。

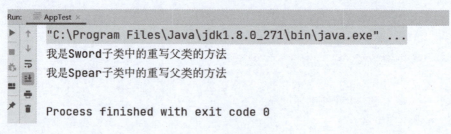

图 5-5 代码运行结果

总结：上述子类继承父类提高了代码的复用性和可扩展性，能够减小代码的编写工作量和提高代码的可读性。

说明：在子类继承父类时，重写方法的返回值类型必须和父类方法的返回值类型保持一致。

任务 3 了解多态的动态绑定机制以及使用

5.3.1 多态概述

多态本身是指生物在形态和状态方面的多样性。在 Java 面向对象编程中，多态则是指同一个行为可以有多个不同表现形式的能力。通俗地讲，在父类中定义的属性和方法，在被子类继承后，可以实现方法的重写，拥有不同的数据类型并表现出不同的行为方式，这样的编程特性称为多态。

举个简单的例子：不同的形状有不同的特点，每一种形状都有共同的父类的特征，但是每一种形状的某些行为表现出不同的结果，这就是多态的体现（图 5-6）。

5.3.2 多态分类

Java 的多态主要分为编译时多态和运行时多态。

（1）编译时多态：通过方法的重载来实现，子类创建指向自己的对象所属类的对象时，在编译阶段进行多态绑定。

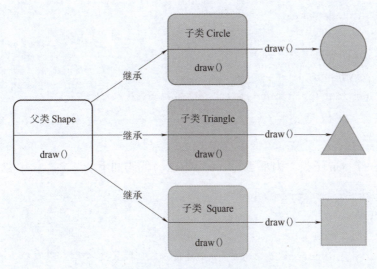

图 5-6　多态性的表现形式

（2）运行时多态：主要通过方法的重写来实现，让子类继承父类并重写父类中的方法或者抽象方法。

5.3.3 多态的实现条件

通过上述描述可以得出，实现多态必须要满足以下几个条件。

（1）继承：多态发生在继承的关系中，必须在子类和父类之间有继承关系的基础上实现。

（2）方法重写：必须有方法的重写，即子类对父类的某些方法重新定义。

（3）向上转型：要将父类的引用指向子类对象，只有这样才能调用父类的方法和子类的方法。

5.3.4 多态的实现

Java 中多态的实现主要有以下几种方式：方法重载、方法重写、接口实现。接下来用一个小案例讲解多态在实际编程中的使用效果。

多态的具体操作代码示例如下。

（1）定义一个 Father 父类，内部定义一个 run()方法，代码如下。

```java
public class Father {
    private String name;//名字
    public String getName() {
        return name;
    }
    public void setName(String name) {
```

```
        this.name=name;
    }
    //定义run()方法
    public void run(){
        System.out.println(name+"非常喜欢跑全程马拉松!");
    }
}
```

（2）定义一个 Son 子类，内部重写 run()方法，代码如下。

```
public class Son extends Father{
    @ Override
    public void run() {
        System.out.println("非常喜欢跑越野 30 公里,并且非常厉害");
    }
}
```

（3）定义一个测试类，代码如下。

```
public class AppTest {
    public static void main(String[] args) {
        //创建的父类引用,指向子类对象,
        Father son=new Son();
        son.run();
    }
}
```

代码运行结果如图 5-7 所示。

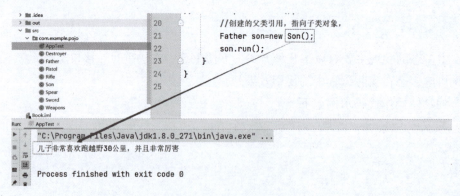

图 5-7　代码运行结果

由上述代码运行结果可知，当父类引用指向子类的对象时，父类只能调用子类重写父类的方法，不能调用子类中独有的成员方法（图 5-8）。

```
Father son=new Son();
son.run();
son.eat();//编译报错
```

图 5-8   父类不能调用子类中的方法

【课中小结】

（1）多态指的是不同的子类型的对象对同一个方法的不同执行效果。

（2）实现多态需要满足继承、方法重写、向上转型的条件。

（3）父类引用指向子类的对象时，调用的实例方法是子类重写父类的方法，父类不能调用子类新增的方法和子类独有的成员方法。

5.3.5　学生实践练习

在武器的基础上使用多态完成父类应用对子类对象的创建，并测试最终的结果，如图 5-9 所示。

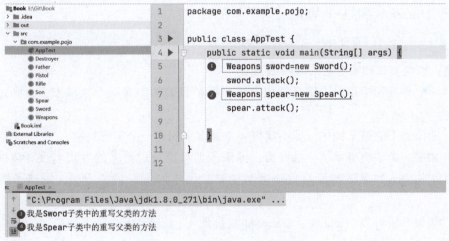

图 5-9   子类武器的多态实现效果

任务 4   使用抽象类和接口提升代码的安全性

5.4.1　抽象类概述

编写一个类时，为该类定义一些方法，这些方法用于描述该类的行为方式，这些方法都有具体的方法体，但在某些情况下，某个父类仅知道其子类应该包含哪些方法，却无法准确地知道子类实现这些方法的细节。例如定义一个动物类（Animal）类作为猫（Cat）、狗

（Dog）、牛（Cow）等类的父类，在该父类中定义 run（）方法，该方法用于表达动物的运动方式，但不同子类的运动方式不同，很难使用统一的标准来实现对应的功能。

在 Java 中，可以将父类（Animal）中的 run（）方法定义为抽象方法。抽象方法没有具体的方法实现，该方法必须由其继承的子类重写，这样该方法就起到了约束规范的作用，且不影响类最初的设计思路。

1. 抽象类和抽象方法

抽象类和抽象方法的声明和普通的类和普通方法的声明不同，抽象类的定义和抽象方法的定义如下。在 Java 中，使用 abstract 关键字修饰一个类时，该类就是抽象类，使用 abstract 关键字修饰一个方法时该方法即抽象方法。

抽象类的基本语法格式如下。

```
public abstract class 类名字 {
//类的特征
//抽象方法
}
```

将"只有方法声明，没有方法体"的一类方法统称为抽象方法，抽象方法用关键字 abstract 修饰。需要注意的是，如果一个方法已经确定是抽象方法，那么它绝对不能再有方法体，即不能出现大括号，而只需要在"（）"后面添加一个分号即可。

抽象方法的基本语法格式如下。

```
修饰符 abstract 返回值类型 方法名（参数列表）；
```

注意：抽象类和抽象方法的规则如下。

（1）一个抽象类中可以不定义抽象方法，但是只要类中有一个抽象方法，则该类一定是抽象类。

（2）抽象类不能被实例化，即不能被 new 关键字创建一个实例对象。

（3）如果一个子类继承一个抽象类，则该子类需要通过覆盖的方式来重写该抽象类中的所有抽象方法。如果子类没有完全重写抽象父类中的所有抽象方法，则该子类仍是抽象的。

（4）抽象方法可以与 public、protected 复合使用，但不能与 final、private 和 static 复合使用。

（5）抽象方法没有方法体，只有一个方法声明。

2. 抽象类的使用

抽象类和抽象方法的操作示例如下。

【需求描述】

创建一个名为"Animal"的抽象父类，在该抽象父类中创建一个抽象方法 eat（），创建一个普通方法 run（），并创建子类 Dog 类对父类的抽象方法 eat（）进行重写。

【具体操作】

（1）创建抽象父类 Animal 类，创建一个抽象方法 eat（），创建一个普通方法 run（），代码如下。

```
/* * 父类 */
public abstract classAnimal {
    //将 Animal 类中的 eat()方法定义为抽象方法
    public abstract void eat();
    public void run(){
        System.out.println("动物跑步的耐力一般比较强");
    }
}
```

（2）创建一个子类 Dog 类，代码如下。

```
/* * 子类 */
public classDog extends Animal{
    @ Override
    public void eat() {
        System.out.println("狗一般都喜欢吃骨头!");
    }
}
```

（3）创建一个测试类，代码如下。

```
public classAppTest {
    public static void main(String[] args) {
        Animal dog = new Dog();
        dog.eat();
        dog.run();
    }
}
```

代码运行结果如图 5-10 所示。

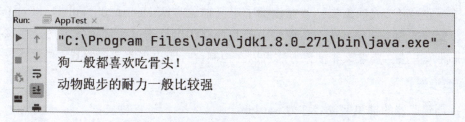

图5-10　子类继承抽象父类并重写父类方法

若父类中定义了一个抽象方法，则要求其所有非抽象子类都必须重写该抽象方法，否则编译会报错，如图 5-11 所示。

```
public class Dog extends Animal{ 子类会报错误提示
    @Override
//  public void eat() {
//      System.out.println("狗一般都喜欢吃骨头！");
//  }
}
```

图 5-11　子类未实现抽象父类的编译错误

【友情提示】

抽象方法不能再使用 private、final 或者 static 关键字来修饰，这是因为定义抽象方法的目的就是想将方法的具体实现延迟到子类，其最终是要被子类重写的，而 private、final、static 这几个关键字都和方法重写的目的背道而驰。

3. 抽象类实践

抽象类不能被实例化，只能作为父类被继承。从语义的角度而言，抽象类是从多个具体类中抽象出来的父类。从多个具有相同特征的类中抽象出一个抽象类，以该抽象类作为其子类的模板，从而避免了子类设计的随意性。抽象类体现的是一种模板模式的设计，抽象类作为多个子类的通用模板，子类在抽象类的基础上进行扩展、改造，但子类总体上会保留抽象类的行为方式。

4. 学生实践练习

【实现要求】

已知国防武器有航空母舰、驱逐舰和巡洋舰，分别定义类来描述它们，要求给出每种武器的名称、载重、武力值；另外，这 3 种武器均可以使用导弹攻击，但每种武器所使用导弹的爆发方法和作用都不一样。其中，航空母舰负责提供综合战斗打击能力和综合作战指挥；驱逐舰使用近程、高发射导弹，反舰导弹；巡洋舰使用远程战略轰炸式导弹。请在这些类中正确选择一个类定义成抽象类，并在该类中定义抽象方法 elemental_ kill() 和 elemental_ burst()，要求这两个抽象方法在实现时由控制台打印出打击方法和爆发方法。在该抽象类中定义非抽象方法，要求该非抽象方法可以在控制台打印出当前武器的基本信息。

【实现步骤】

（1）创建武器的抽象父类名称为 warship。

（2）抽象父类中包含名称（name）、载重（weight）、武力值（ForceValue）等属性。

（3）在抽象父类中编写抽象方法：attack()（打击方法）、battle()（爆发方法）。

（4）在航空母舰子类中重写打击方法和爆发方法。

（5）巡洋舰类继承父类并重写打击方法和爆发方法。

（6）驱逐舰类继承父类并重写打击方法和爆发方法。

【实现效果】

请读者自行编写代码并观察代码运行结果。

5.4.2　接口

Java 仅支持单一继承，即一个子类只能有一个直接的父类。然而，在日常生活中，多继承问题在所难免。例如，电子书既是一种图书，又是一种多媒体，这种继承关系要求子类继承多个父类。这样就可能导致子类具有多种方法和实现形式。抽象类是从多个类中抽象出来的模板，如果将这种抽象进行得更彻底，则可以提炼出一种更加特殊的抽象类——接口（Interface）。接口是 Java 中最重要的概念之一，它可以被理解为一种特殊的类，不同的是接口的成员没有执行体，而是由全局常量和公共的抽象方法组成。

1. 接口定义

Java 接口的定义方式与类基本相同，不过接口定义所使用的关键字是 interface。接口定义的语法格式如下。

```
[public] interface interface_name [extends 接口 1,接口 2,…]{
//接口体,其中可以包含定义常量和声明方法
[public][static][final] type constant_name=value;//定义常量
[public][abstract] returnType method_name(parameter_list);//声明方法
}
```

【友情提示】

关于接口需要注意以下几个问题。

（1）接口的访问修饰符可以是 public 和缺省访问修饰符，如果省略 public，则系统默认使用缺省访问修饰符，但只有在同一个包中才可以访问该接口。

（2）接口中只能定义公有的、静态的常量。

（3）接口中的方法只能是公有的抽象方法。

（4）一个接口可以有多个直接父接口，但接口只能继承接口，不能继承类。

2. 接口实现

上文提到一个接口可以直接继承多个接口，不能继承类，那么接口实现则需要实现类使用 implements 关键字，同样一个实现类可以实现多个接口。接口实现的语法格式如下。

```
<public> class <类名>[extends 父类名][implements 接口 1,接口 2,…]{
    //主体
}
```

接口实现需要注意以下几点。

（1）实现接口与继承父类相似，同样可以获得所实现接口中定义的常量和方法。如果一个类需要实现多个接口，则多个接口之间以逗号分隔。

（2）一个类可以继承一个父类，并同时实现多个接口，implements 部分必须放在

extends 部分之后。

（3）一个类实现了一个或多个接口之后，这个类必须完全实现这些接口中所定义的全部抽象方法（也就是重写这些抽象方法）；否则，该类将保留从父接口继承的抽象方法，该类也必须定义成抽象类。

3. 接口使用

在 Java 使用 extends 关键字实现继承，使用 implements 关键字实现接口，一个类可以实现多个接口，从而实现多继承。类实现多个接口的示例如下。

（1）创建武器的（WeaponService）接口，在该接口中定义两个方法，其中一个方法是抽象方法，另一个方法接口方法。代码如下。

```
public interfaceWeaponService {
    //定义标准,由其实现类实现具体的实现细节
        public abstract voidattrack();
        String battle();
}
```

（2）创建自动步枪的实现类（RifleServiceImpl），在实现类中重写这两个方法。代码如下。

```
public interfaceRifleServiceImpl implements WeaponService {
    //定义标准,由其实现类实现具体的实现细节
    @ Override
    public abstract voidattrack(){
        System.out.println("95 式半自动步枪性能稳定,战斗力非常强悍!");
    }
    @ Override
    public String battle(){
        String battleValue = "95 式半自动步枪在实战中,能够轻易摧毁敌方的防线! 在现
代化战争中起着非常关键的作用";
        return battleValue;
    }
}
```

（3）创建驱逐舰的实现类（DestroyerServiceImpl），在实现类中重写方法，代码如下。

```
public interfaceDestroyerServiceImpl implements WeaponService {
    //定义标准,由其实现类实现具体的实现细节
    @ Override
    public abstract voidattrack(){
        System.out.println("中国 055 大型驱逐舰战斗力全球领先!");
    }
```

```
@ Override
public String battle() {
    String battleValue = "055 大型驱逐舰搭载全球最领先的科技技术,能够通过发射最先
进的导弹摧毁敌方舰艇防御";
    return battleValue;
    }
}
```

（4）创建测试类进行接口实现类的测试，代码如下。

```
public class AppTest {
public static void main(String[] args) {
    WeaponService rifleService = new RifleServiceImpl();
    System.out.println("******自动步枪的实现类******");
    rifleService.attrack();
    rifleService.battle();
    WeaponService destroyerService = new DestroyerServiceImpl();
    System.out.println("******055 大驱的实现类******");
    destroyerService.attrack();
    destroyerService.battle();
    }
}
```

代码运行结果如图 5-12 所示。

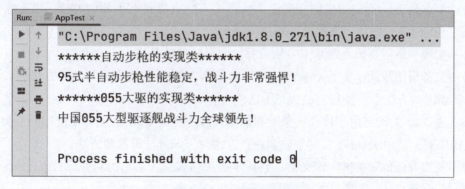

图 5-12　代码运行结果

细心的读者会有这样的疑问：接口与抽象类以及抽象类的子类的使用方式类似，那么抽象类和接口有什么区别？

这个问题主要围绕几个方面来回答。

（1）相同点。

①接口和抽象类都不能被实例化，它们都位于继承树的顶端，用于被其他类实现和继承。

②接口和抽象类都可以包含抽象方法，实现接口或继承抽象类的普通子类都必须实现这些抽象方法。

（2）不同点

①抽象类的范畴围绕类，接口可以理解成抽象方法的集合。

②抽象类由子类完成继承（extends），接口由实现完成具体方法的实现（implements）。

③接口只能包含抽象方法，而抽象类则完全可以包含普通方法。

④在接口中不能定义静态方法，而在抽象类中可以定义静态方法。

⑤在接口中只能定义静态常量，不能定义普通变量或非静态的常量，而在抽象类中可以定义不同的属性，也可以定义静态的属性。

⑥接口不包含构造器，而抽象类可以包含构造器，抽象类中的构造器并不用于创建对象，而是让其子类调用这些构造器来完成抽象类的初始化操作。

⑦一个类最多只能有一个直接父类，包括抽象类，而一个类可以实现多个接口。通过实现多个接口可以弥补 Java 单继承的不足。

【项目小结】

本项目讲解了 Java 面向对象编程的三大特性中的继承和多态，并涉及使用非常广泛的接口和抽象类的实现。

（1）继承是 Java 面向对象编程中非常重要的方式，能够提高代码的复用性和扩展性，继承的关键字为 extends，由子类继承父类。

（2）方法的重载和重写都是子类继承父类或者实现接口的重要方式，它们之间有区别和联系。

（3）多态是 Java 面向对象编程的三大特性之一，本身具有重要的地位。多态指的是不同的子类型的对象对同一个方法的不同执行效果。

（4）实现多态需要满足继承、方法重写、向上转型的条件。

（5）父类引用指向子类的对象时，调用的实例方法是子类重写父类的方法，父类不能调用子类新增的方法和子类独有的成员方法。

（6）abstract 关键字用于修饰抽象类和抽象方法。使用 abstract 关键字修饰一个类时，该类就是抽象类，使用 abstract 关键字修饰一个方法时，该方法即抽象方法。

（7）使用 interface 关键字定义接口的基本语法格式如下：［访问修饰符］interface 接口名［extends 父接口 1，父接口 2，...］

（8）抽象类和接口有区别。

【技能强化】

一、填空题

1. 继承是 Java 面向对象编程的一种非常重要的_____。

2. 继承中，子类继承父类时需要在子类中添加的关键字是_____。

3. 方法重载需要满足的条件：方法名称_____、方法参数_____、方法参数数据类型_____。

4. 在声明接口时，需要在接口名前编写的关键字是_____。

5. 抽象类和抽象方法都是由_____关键字修饰。

二、判断题

1. 在抽象类中不可以声明普通方法，只能声明抽象方法。　　　　　　（　　）

2. 一个接口可以继承多个接口，同样一个实现类可以实现多个接口。　（　　）

3. 方法重写需要保持父类方法的返回值类型和子类方法的返回值类型一致。（　　）

4. 在接口中可以创建普通方法，该方法具有方法体。　　　　　　　　（　　）

5. 修饰抽象类和抽象方法的关键字为 abstract。　　　　　　　　　　（　　）

三、选择题

1. 下列关于 Java 的抽象类和抽象方法的说法正确的是（　　　）。

A. 接口中可以含有零个或多个抽象方法

B. 抽象类中不可以有构造方法

C. 一个类中若有抽象方法，则这个类必为抽象类

D. 子类必须重写父类的所有抽象方法

2. 在 Java 接口中，下列属于有效方法声明的是（　　　）。

A. static void aMethod（）　　　　　　B. final void aMethod（）

C. void aMethod（）　　　　　　　　　D. private void aMethod（）

3. （　　　）是 Java 面向对象编程中的一种机制。这种机制实现了方法的定义与具体的对象无关，而对方法的调用则可以关联具体的对象。

A. 继承　　　　　　　　　　　　　　B. 模板

C. 对象的自身引用　　　　　　　　　D. 动态

4. Java 中支持单继承和多重继承吗？（　　　）

A. 可以支持单继承和多重继承　　　　B. 只能支持单继承

C. 只能支持多重继承　　　　　　　　D. 都不正确

5. 下列不属于 Java 面向对象编程的三大特性的是（　　　）。

A. 抽象　　　　　　　　　　　　　　B. 封装

C. 继承　　　　　　　　　　　　　　D. 多态

四、简答题

1. 简述重载与重写的区别和联系。

2. 简述抽象类与接口的区别。

五、编程题

1. 设计一个汽车类 Vehicle，其包含的属性有车的名称和车重 weight，还包含运动 run（）方法。小车类 Car 是 Vehicle 的子类，其中包含的属性有载人数 loader。卡车类 Truck 是 Car 类的子类，其中包含的属性有载重量 payload。每个类都有构造方法和输出相关数据的方法。编写测试类 CarTest 进行测试。

2. 奥迪汽车（Audi）都具有跑的功能，但是智能奥迪车（SmartAudi）除了具有跑的功能外，还具有自动泊车（automaticParking）和无人驾驶（automaticDrive）的功能。编写相关类。

3. 利用接口继承完成对生物、动物、人 3 个接口的定义。其中生物接口定义呼吸抽象方法；动物接口除具备生物接口的特征外，还定义了吃饭和睡觉两个抽象方法；人接口除具备动物接口的特征外，还定义了思维和学习两个抽象方法。定义一个学生类实现上述人接口。

项 目 6

实现简单实用的小工具

【项目导入】

Java API（Application Programming Interface）是 Java 所提供的一组类库和接口，用于帮助开发人员在 Java 应用程序中实现各种功能。Java API 包含了大量的类、方法和常量，提供了许多字符串处理、文件操作、网络通信、图形界面和数据库等方面的功能。

【项目目标】

（1）掌握 String 类、StringBuffer 类和 StringBuider 类的使用。

（2）掌握 System 类和 Runtime 类的使用。

（3）掌握 Math 类和 Random 类的使用。

（4）掌握日期时间类的使用。

（5）了解正则表达式的使用。

【素质目标】

（1）培养创新意识和创新精神。通过学习 Java 编程，培养学生的创新思维、解决问题的能力以及对技术创新的认知。Java 是广泛应用于软件开发的编程语言，学习 Java 编程可以让学生了解现代科技领域的创新实践，并激发他们对技术创新的热情。

（2）培养责任感和社会担当。学习 Java 编程需要严谨和耐心，可以培养学生遵循规范、注重细节、积极解决问题的态度。同时，Java 作为一种常用的编程语言，广泛应用于各个行业和领域，学习 Java 编程可以让学生认识到自己的技能对社会发展的影响，并激发他们对社会问题的关注。

（3）培养团队合作精神。在 Java 编程中，通常需要与其他人合作完成项目。学习 Java 编程可以锻炼学生的团队合作能力，培养沟通、协作和相互支持的精神。在团队合作过程中，学生可以学会倾听他人意见、合理分配任务、协调冲突等技能，提高团队的整体效能。

任务 1 使用 String 类实现默认密码登录

6.1.1 String 类

1. 创建字符串对象

在 Java 中创建字符串对象有两种常用方式。

（1）使用字符串字面值进行赋值，例如 "String str = "Hello World";"。

（2）使用关键字 new 和构造函数创建字符串对象，例如 "String str = new String("Hello World");"。

2. 字符串操作方法

String 类提供了许多方法来处理和操作字符串，下面列举一些常用的方法，见表 6-1。

表 6-1 String 类的常用方法

方法	描述
length( )	返回字符串的长度
charAt(int index)	返回指定索引处的字符
indexOf(String str)	返回指定子字符串在字符串中第一次出现的索引
substring(int beginIndex)	返回一个新的字符串，从指定索引开始直到字符串的末尾
substring(int beginIndex, int endIndex)	返回一个新的字符串，从指定的 beginIndex 开始，到 endIndex 结束
toLowerCase( )	将字符串转换为小写
toUpperCase( )	将字符串转换为大写
trim( )	返回一个字符串，删除字符串前、后的空格
replace(char oldChar, char newChar)	返回一个新的字符串，将所有出现的 oldChar 字符替换为 newChar 字符
split(String regex)	将字符串分割成子字符串数组，根据给定的正则表达式分隔
startsWith(String prefix)	判断字符串是否以指定的前缀开头
endsWith(String suffix)	判断字符串是否以指定的后缀结尾
contains(CharSequence s)	判断字符串是否包含指定的字符序列
equals(Object anObject)	比较字符串内容是否相等
isEmpty( )	判断字符串是否为空
valueOf( )	将其他数据类型转换为字符串类型

3. String 类方法的使用

下面演示如何使用 String 类提供的部分方法实现字符串操作。

1）字符串连接

可以使用加号运算符（+）或者 concat( )方法来连接两个字符串。示例代码如下。

```
String str1="Hello";
String str2="World";
//使用加号运算符
String result1=str1+", "+str2;//"Hello, World"
//使用 concat( )方法
String result2=str1.concat(", ").concat(str2);//"Hello, World"
```

2）获取字符串长度

使用 length( )方法可以获取字符串的长度。示例代码如下。

```
String str="Hello, World!";
int length=str.length();//13
```

3）获取子串

使用 substring( )方法可以从原始字符串中获取一个子串。示例代码如下。

```
String str="Hello, World!";
String subStr=str.substring(7);//"World!"
```

4）字符串比较

使用 equals( )方法或者 compareTo( )方法可以比较两个字符串是否相等。示例代码如下。

```
String str1="Hello";
String str2="World";
boolean isEqual1=str1.equals(str2);//false
int result=str1.compareTo(str2);//负数表示 str1 小于 str2,正数表示 str1 大于 str2,0
表示二者相等
```

5）字符串查找和替换

使用 indexOf( )方法可以查找一个字符或者子串在原始字符串中的位置：如果找到，则返回其索引值；如果没有找到，则返回-1。示例代码如下。

```
String str="Hello, World!";
int index=str.indexOf("World");//7
```

使用 replace( )方法可以将原始字符串中的某一部分替换为另一个字符串。示例代码如下。

```
String str = "Hello, World!";
String newStr=str.replace("World", "Java");//"Hello, Java!"
```

6）字符串切割

使用 split()方法可以将一个字符串按照指定的分隔符拆分成多个子串，并返回一个字符串数组。示例代码如下。

```
String str = "apple,banana,orange";
String[] fruits=str.split(",");//["apple", "banana", "orange"]
```

6.1.2 StringBuffer 类和 StringBuilder 类

1. StringBuffer 类

在 Java 中，StringBuffer 类是一个可变的字符串序列。它提供了在字符串中插入、删除、追加和修改字符的方法。与 String 类不同的是，StringBuffer 对象的内容可以改变。

1）创建 StringBuffer 对象

要创建一个 StringBuffer 对象，可以使用以下方式之一。

```
StringBuffer sb1 = new StringBuffer();//创建一个空的 StringBuffer 对象
StringBuffer sb2 = new StringBuffer("Hello");//创建一个包含指定字符串的 String-
Buffer 对象
```

2）常用方法

StringBuffer 类提供了许多方法来处理和操作字符串，下面列举一些常用的方法，见表 6-2。

表 6-2　StringBuffer 类的常用方法

方法	描述
append(String str)	将指定字符串追加到此字符串
insert(int offset, String str)	将字符串插入此字符串中指定的位置
delete(int start, int end)	移除此字符串的子字符串的字符
deleteCharAt(int index)	移除此字符串指定位置的字符
replace(int start, int end, String str)	使用给定字符串替换此字符串的子字符串
reverse()	将此字符串逆转
capacity()	返回当前容量
ensureCapacity(int minimumCapacity)	确保容量至少等于指定的最小值
charAt(int index)	返回指定索引处的字符
indexOf(String str)	返回指定子字符串第一次出现的索引
lastIndexOf(String str)	返回指定子字符串最后一次出现的索引

续表

方法	描述
substring(int start)	返回一个新的字符串，它包含此字符串当前所包含的字符，从 start 位置开始
substring(int start, int end)	返回一个新的字符串，它包含此字符串当前所包含的字符，从 start 位置开始，到 end-1 位置结束

3）StringBuffer 类方法的使用

下面演示部分如何使用 StringBuffer 类提供的方法实现字符串操作。

（1）追加字符串。

要向 StringBuffer 对象追加字符串，可以使用 append( )方法。示例代码如下。

```
sb.append(" World!");//在原有字符串后面追加字符串" World!"
```

（2）插入字符串。

要在 StringBuffer 对象的指定位置插入字符串，可以使用 insert( )方法。示例代码如下。

```
sb.insert(5," there");//在索引为 5 的位置插入字符串" there"
```

（3）删除字符串。

要从 StringBuffer 对象中删除指定范围内的字符串，可以使用 delete( )方法。示例代码如下。

```
sb.delete(0,6);//删除从索引 0 到索引 6 之间的字符串(包括索引 0 但不包括索引 6)
```

（4）替换字符串。

要将 StringBuffer 对象中的指定范围内的字符串替换为新的字符串，可以使用 replace( )方法。示例代码如下。

```
sb.replace(0,5,"Hi");//将索引 0 到索引 5 之间的字符串替换为字符串"Hi"
```

（5）反转字符串顺序。

要反转 StringBuffer 对象中的字符串顺序，可以使用 reverse( )方法。示例代码如下。

```
sb.reverse();//反转字符串顺序
```

下面是使用 StringBuffer 类的示例代码。

```
public class StringBufferExample {
    public static void main(String[] args) {
        StringBuffer sb=new StringBuffer("Hello");
        sb.append(" World!");
        sb.insert(5," there");
        sb.delete(0,6);
```

```
        sb.replace(0,5,"Hi");
        sb.reverse();

        System.out.println(sb.toString());//输出:ihtereW olleH
    }
}
```

示例代码运行结果如图 6-1 所示。

```
D:\JDK17\bin\java.exe "-javaagent:D:\IDEA编译器\IntelliJ IDEA 2023.2'
!dlroW iH

进程已结束,退出代码为 0
```

图 6-1　示例代码运行结果

这个示例演示了如何使用 StringBuffer 类的各种方法来修改字符串，并最终输出结果。

2. StringBuilder 类

StringBuilder 类在 Java 中用于动态地构建字符串。它允许修改字符串而无须创建新的字符串对象，这样可以节省内存并提高性能。

1）创建 StringBuilder 对象

要创建一个 StringBuilder 对象，可以使用以下方式之一。

```
StringBuilder sb1=new StringBuilder();//创建一个空的 StringBuilder 对象
StringBuilder sb2=new StringBuilder("Hello");//创建一个包含指定字符串的 String-
Builder 对象
```

2）常用方法

StringBuilder 类提供了许多方法来处理和操作字符串，下面列举一些常用的方法，见表 6-3。

表 6-3　StringBuilder 类的常用方法

方法	描述
append(String str)	将指定字符串追加到此字符串
insert(int offset, String str)	将字符串插入此字符串中的指定位置
delete(int start, int end)	移除此字符串的子字符串的字符
deleteCharAt(int index)	移除此字符串指定位置的字符
replace(int start, int end, String str)	使用给定字符串替换此字符串的子字符串
reverse( )	将此字符串逆转
capacity( )	返回当前容量

续表

方法	描述
ensureCapacity(int minimumCapacity)	确保容量至少等于指定的最小值
charAt(int index)	返回指定索引处的字符
indexOf(String str)	返回指定子字符串第一次出现的索引
lastIndexOf(String str)	返回指定子字符串最后一次出现的索引
substring(int start)	返回一个新的字符串，它包含此字符串当前所包含的字符，从 start 位置开始
substring(int start, int end)	返回一个新的字符串，它包含此字符串当前所包含的字符，从 start 位置开始，到 end-1 位置结束

3）StringBuilder 类方法的使用

通过观察会发现 StringBuilder 类提供的方法和 StringBuffer 类提供的方法是基本一样的。下面演示如何使用 StringBuilder 类提供的方法实现字符串操作。

（1）追加字符串。

要向 StringBuilder 对象追加字符串，可以使用 append()方法。示例代码如下。

```
sb.append("World!");//在原有字符串后面追加字符串"World!"
```

（2）插入字符串。

要在 StringBuilder 对象的指定位置插入字符串，可以使用 insert()方法。示例代码如下。

```
sb.insert(5,"there");//在索引为 5 的位置插入字符串"there"
```

（3）删除字符串。

要从 StringBuilder 对象中删除指定范围内的字符串，可以使用 delete()方法。示例代码如下。

```
sb.delete(0,6);//删除从索引 0 到索引 6 之间的字符串(包括索引 0,但不包括索引 6)
```

（4）替换字符串。

要将 StringBuilder 对象中指定范围内的字符串替换为新的字符串，可以使用 replace()方法。示例代码如下。

```
sb.replace(0,5,"Hi");//将索引 0 到索引 5 之间的字符串替换为字符串"Hi"
```

（5）反转字符串顺序。

要反转 StringBuilder 对象中的字符串顺序，可以使用 reverse()方法。示例代码如下。

```
sb.reverse();//反转字符串的字符顺序
```

下面是使用 StringBuilder 类的示例代码。

```java
public class StringBuilderExample {
    public static void main(String[] args) {
        String Builder sb=new StringBuilder("Hello");
        //追加字符串
        sb.append(" World!");
        //在指定位置插入字符串
        sb.insert(6, "Java ");
        //替换指定范围内的字符串
        sb.replace(0, 5, "Hi");
        //删除指定范围内的字符串
        sb.delete(9, 15);
        //反转字符串顺序
        sb.reverse();
        System.out.println(sb.toString());
    }
}
```

以上示例代码运行结果如图 6-2 所示。

```
D:\JDK17\bin\java.exe "-javaagent:D:\IDEA编译器\IntelliJ IDEA
W avaJ iH

进程已结束，退出代码为 0
```

图 6-2   示例代码运行结果

这个示例首先创建了一个 StringBuilder 对象 sb，初始内容为 "Hello"；然后使用一系列方法对其进行操作，包括追加字符串、插入字符串、替换字符串、删除字符串和反转字符串顺序；最终将结果输出到控制台。

【需求分析】

本任务要求实现一个简单的密码登录程序。通过分析，可以得出以下需求。

（1）用户需要输入密码进行登录。

（2）编写程序时需要进行默认密码设置。

（3）用户输入密码后，需要给出相应的登录成功或失败的提示信息。

【需求难点】

（1）密码输入与验证：需要获取用户输入的密码并进行验证，以确定用户是否可以登录。

（2）与默认密码比较：需要进行用户输入密码与默认密码的比较判断，以确定登录成功与否。

【步骤】

（1）定义默认密码：定义默认登录密码为 "password123"。

（2）获取用户输入：使用 Scanner 类获取用户输入的密码。

（3）验证密码：将用户输入密码与默认密码进行比较，确定登录成功与否。

（4）输出结果：根据密码验证结果输出相应的登录成功或失败提示信息。

参考代码如下。

```java
import java.util.Scanner;

public class DefaultPasswordLogin {
    public static void main(String[] args) {
        String defaultPassword = "password123";

        Scanner scanner = new Scanner(System.in);

        System.out.print("请输入密码:");
        String passwordInput = scanner.nextLine();

        if (passwordInput.equals(defaultPassword)) {
            System.out.println("登录成功!");
        } else {
        System.out.println("密码错误,登录失败!");
        }

        scanner.close();
    }
}
```

代码运行结果如图 6-3 所示。

```
D:\JDK17\bin\java.exe "-javaagent:D:\IDEA编译器\IntelliJ IDEA 2023.2\l
请输入密码: password123
登录成功!

进程已结束, 退出代码为 0
```

图 6-3 代码运行结果

上述代码中首先定义了一个名为"defaultPassword"的默认密码字符串；然后使用 Scanner 类从控制台获取用户输入密码；接下来将用户输入密码与默认密码进行比较，如果两者相等，则输出"登录成功!"，否则输出"密码错误，登录失败!"；最后关闭 Scanner 对象。可以根据需要修改默认密码、输出消息以及其他逻辑。

任务 2 实现查看当前系统运行参数的程序

6.2.1 System 类

Java 中的 System 类提供了一系列静态方法和常量，用于处理与系统相关的操作，如标准输入、标准输出、错误输出、环境变量等。该类位于 java. lang 包中，因此不需要显式导入即可使用。

System 类的常用方法见表 6-4。

表 6-4 System 类的常用方法

方法	描述
currentTimeMillis( )	返回当前时间的毫秒数
arraycopy(Object src, int srcPos, Object dest, int destPos, int length)	将数组中指定的数据复制到另一个数组中
exit(int status)	终止当前运行的 Java 虚拟机
gc( )	运行垃圾回收器
getProperty(String key)	获取系统属性
getenv(String name)	返回指定环境变量的值
setProperty(String key, String value)	设置指定键指示的系统属性
clearProperty(String key)	清除指定键指示的系统属性
lineSeparator( )	返回操作系统特定的行分隔符
nanoTime( )	返回当前时间的纳秒数

下面的示例代码演示了 System 类的一些常用方法。

```
public class SystemDemo {
    public static void main(String[] args) {
        //输出到控制台
        System.out.println("Hello, World!");

        //读取用户输入
        Scanner scanner=new Scanner(System.in);
        System.out.print("请输入您的姓名:");
        String name=scanner.nextLine();
        System.out.println("您的姓名是:"+name);
```

```
        //获取系统属性
        String workingDir=System.getProperty("user.dir");
        System.out.println("当前工作目录:"+workingDir);

        //获取当前时间
        long currentTime=System.currentTimeMillis();
        System.out.println("当前时间毫秒数:"+currentTime);
    }
}
```

示例代码运行结果如图 6-4 所示。

```
D:\JDK17\bin\java.exe "-javaagent:D:\IDEA编译器\IntelliJ IDEA 2023
Hello, World!
请输入您的姓名：张三
您的姓名是：张三
当前工作目录：D:\Java IDEA Code\XuXingChun01
当前时间毫秒数：1700018442049

进程已结束，退出代码为 0
```

图 6-4　示例代码运行结果

System 类为 Java 程序与系统之间的交互提供了丰富的功能，包括输入/输出操作、环境变量获取、系统属性访问等。通过合理使用 System 类，可以更好地控制 Java 程序的行为并与系统进行有效的交互。

6.2.2　Runtime 类

Java 中的 Runtime 类允许 Java 程序与其运行时环境进行交互，包括执行系统命令、获取系统信息、管理内存等。该类位于 java. lang 包中，因此不需要显式导入即可使用。

Runtime 类的常用方法见表 6-5。

表 6-5　Runtime 类的常用方法

方法	描述
getRuntime( )	返回与当前 Java 程序相关的运行时对象
availableProcessors( )	返回 Java 虚拟机可用的处理器数量
freeMemory( )	返回 Java 虚拟机中的空闲内存量
totalMemory( )	返回 Java 虚拟机中的内存总量
maxMemory( )	返回 Java 虚拟机试图使用的最大内存量
gc( )	运行垃圾回收器
exec(String command)	在单独的进程中执行指定的字符串命令

方法	描述
exit(int status)	终止当前运行的 Java 虚拟机
addShutdownHook(Thread hook)	注册新的 Java 虚拟机关闭挂钩

下面的一个示例代码演示了 Runtime 类的一些常用方法。

```java
public class RuntimeDemo {
    public static void main(String[] args) {
        //执行系统命令
        try {
            Process process = Runtime.getRuntime().exec("notepad.exe");
        } catch (IOException e) {
            e.printStackTrace();
        }

        //获取系统信息
        int processors = Runtime.getRuntime().availableProcessors();
        long totalMemory = Runtime.getRuntime().totalMemory();
        long freeMemory = Runtime.getRuntime().freeMemory();
        long maxMemory = Runtime.getRuntime().maxMemory();

        System.out.println("处理器核心数:"+processors);
        System.out.println("JVM 总内存量:"+totalMemory);
        System.out.println("JVM 空闲内存量:"+freeMemory);
        System.out.println("JVM 最大内存量:"+maxMemory);

        //显式触发垃圾回收
        Runtime.getRuntime().gc();
    }
}
```

示例代码运行结果如图 6-5 所示。

```
D:\JDK17\bin\java.exe "-javaagent:D:\IDEA编译器\IntelliJ IDEA 2023
处理器核心数：16
JVM总内存量：264241152
JVM空闲内存量：260757392
JVM最大内存量：4223664128

进程已结束，退出代码为 0
```

图 6-5　示例代码运行结果

Runtime 类为 Java 程序提供了访问运行时环境的能力，包括执行系统命令、获取系统信息、管理内存和控制程序的生命周期等。通过合理使用 Runtime 类，可以使 Java 程序更好地与其运行时环境进行交互，实现更多的系统级操作和控制。Runtime 类的方法使 Java 程序能够动态地与其所在的操作系统进行交互，从而提供了更大的灵活性和功能性。

【需求分析】

本任务要求实现用于查看系统参数的程序。通过分析，可以得出以下需求。

(1) 需要获取处理器的核心数。

(2) 需要获取 Java 虚拟机的总内存量、空闲内存量以及能够使用的最大内存量。

(3) 需要将获取的信息进行输出显示。

【需求难点】

(1) 获取处理器的核心数：需要了解如何获取系统的处理器核心数。

(2) 获取 Java 虚拟机内存信息：需要了解如何获取 Java 虚拟机内存信息。

【步骤】

(1) 获取处理器的核心数：使用 Runtime. getRuntime ( ). availableProcessors ( ) 方法获取处理器的核心数。

(2) 获取 Java 虚拟机内存信息：使用 Runtime. getRuntime ( ). totalMemory ( )、Runtime. getRuntime ( ). freeMemory ( ) 和 Runtime. getRuntime ( ). maxMemory ( ) 方法获取 Java 虚拟机内存信息。

(3) 输出信息：将获取的处理器的核心数和 Java 虚拟机内存信息进行输出显示。

参考代码如下。

```java
public class SystemParametersViewer {
    public static void main(String[] args) {
        //获取处理器的核心数
        int processors = Runtime.getRuntime().availableProcessors();
        System.out.println("处理器核心数:"+processors);

        //获取 Java 虚拟机的总内存量
        long totalMemory = Runtime.getRuntime().totalMemory();
        System.out.println("JVM总内存量:"+totalMemory+" bytes");

        //获取 Java 虚拟机的空闲内存量
        long freeMemory = Runtime.getRuntime().freeMemory();
        System.out.println("JVM空闲内存量:"+freeMemory+" bytes");

        //获取 Java 虚拟机能够使用的最大内存量
        long maxMemory = Runtime.getRuntime().maxMemory();
```

```
    System.out.println("JVM 最大内存量:"+maxMemory+" bytes");
  }
}
```

代码运行结果如图 6-6 所示。

```
D:\JDK17\bin\java.exe "-javaagent:D:\IDEA编译器\IntelliJ IDEA 2023.2\
处理器核心数: 16
JVM总内存量: 264241152 bytes
JVM空闲内存: 260046848 bytes
JVM最大内存量: 4223664128 bytes


进程已结束, 退出代码为 0
```

图 6-6 代码运行结果

上述代码通过调用 Runtime 类的方法来获取处理器的核心数, Java 虚拟机的总内存量、空闲内存量和最大内存量, 并将这些信息输出到控制台。该代码可以帮助用户了解当前系统的运行参数情况。

任务 3 实现进制计算转换器

6.3.1 Math 类

Java 中的 Math 类提供了执行常见数学运算的方法, 如取绝对值, 求平方根, 求三角函数、对数函数、指数函数等。Math 类包含了许多静态方法和常量, 位于 java.lang 包中, 因此不需要显式导入即可使用。

Math 类的常用方法见表 6-6。

表 6-6 Math 类的常用方法

方法	描述
abs(int a)	返回参数的绝对值
abs(double a)	返回参数的绝对值
max(int a, int b)	返回两个参数中的较大值
max(long a, long b)	返回两个参数中的较大值
max(float a, float b)	返回两个参数中的较大值
max(double a, double b)	返回两个参数中的较大值
min(int a, int b)	返回两个参数中的较小值

续表

方法	描述
min(long a, long b)	返回两个参数中的较小值
min(float a, float b)	返回两个参数中的较小值
min(double a, double b)	返回两个参数中的较小值
sqrt(double a)	返回参数的平方根
pow(double a, double b)	返回 a 的 b 次幂
random()	返回带正号的 double 值，该值大于等于 0.0 且小于 1.0
sin(double a)	返回角的正弦
cos(double a)	返回角的余弦
tan(double a)	返回角的正切

这些方法提供了对基本数学运算、三角函数、对数函数和指数函数等的支持，可以满足各种数学运算的需求。下面的示例代码演示了 Math 类的一些常用方法。

```java
public class MathDemo {
    public static void main(String[] args) {
        //求绝对值
        double absValue=Math.abs(-10.5);
        System.out.println("绝对值:"+absValue);

        //求平方根
        double sqrtValue=Math.sqrt(25);
        System.out.println("平方根:"+sqrtValue);

        //求最大、最小值
        double maxValue=Math.max(10, 20);
        double minValue=Math.min(10, 20);
        System.out.println("最大值:"+maxValue+", 最小值:"+minValue);

        //求正弦值
        double sinValue=Math.sin(Math.PI /2);
        System.out.println("正弦值:"+sinValue);
    }
}
```

代码运行结果如图 6-7 所示。

```
D:\JDK17\bin\java.exe "-javaagent:D:\IDEA编译器\IntelliJ IDEA 202:
绝对值: 10.5
平方根: 5.0
最大值: 20.0，最小值: 10.0
正弦值: 1.0

进程已结束，退出代码为 0
```

图 6-7　代码运行结果

Math 类为 Java 程序提供了执行常见数学运算的功能，包括基本运算、三角函数、对数函数和指数函数等。合理使用 Math 类，可以使 Java 程序更好地执行各种数学运算，从而满足各种数学运算的需求。Math 类中的方法提供了许多常见数学运算的实现，为开发人员提供了丰富的数学运算工具。

6.3.2　Random 类

Java 中的 Random 类用于生成伪随机数，提供了多种方法用于生成不同范围的伪随机数。Random 类位于 java.util 包中，因此在使用时需要导入。

Random 类的常用方法见表 6-7。

表 6-7　**Random 类的常用方法**

方法	描述
nextInt( )	返回一个随机整数
nextInt(int bound)	返回一个大于等于 0 且小于指定值的随机整数
nextLong( )	返回一个随机长整数
nextDouble( )	返回一个随机双精度浮点数
nextBoolean( )	返回一个随机布尔值
nextFloat( )	返回一个随机浮点数
nextBytes(byte[ ] bytes)	生成随机字节并将其放入用户提供的 byte 数组
setSeed(long seed)	使用单个 long 种子设置此随机数生成器的种子

这些方法提供了对随机数生成和范围限定的支持，可以满足各种随机数生成需求。下面的示例代码演示了 Random 类的一些常用方法。

```java
importjava.util.Random;

public class RandomDemo {
    public static void main(String[] args) {
        Random random = new Random();

        //生成随机整数
```

```
        int randomInt=random.nextInt(100);
        System.out.println("随机整数:"+randomInt);

        //生成随机浮点数
        double randomDouble=random.nextDouble();
        System.out.println("随机浮点数:"+randomDouble);

        //生成指定范围的随机数
        int randomInRange=random.nextInt(10)+5;//生成 5 到 14 的随机整数
        System.out.println("5 到 14 的随机整数:"+randomInRange);
    }
}
```

代码运行结果如图 6-8 所示。

```
D:\JDK17\bin\java.exe "-javaagent:D:\IDEA编译器\IntelliJ IDE/
随机整数: 34
随机浮点数: 0.7281636451693653
5到14的随机整数: 13

进程已结束，退出代码为 0
```

图 6-8　代码运行结果

在上述代码中，首先导入 java. util. Random 类，并创建一个 Random 对象实例，以便后续使用该对象生成随机数。使用 nextInt(100) 方法可以生成一个范围为 0~99（包括 0 和 99）的随机整数。将其存储在 randomInt 变量中，并使用 System. out. println() 打印出来。使用 nextDouble() 方法可以生成一个范围为 0.0~1.0（不包括 1.0）的随机浮点数。将其存储在 randomDouble 变量中，并使用 System. out. println() 打印从简单的整数到复杂的随机小数。Random 类提供了丰富的方法和工具，可以帮助开发人员满足各种随机数生成需求。

【需求分析】

本任务要求将随机生成的十进制数转换为二进制数和十六进制数。通过分析，可以得出以下需求。

（1）需要生成一个随机十进制数。

（2）需要将生成的十进制数转换为二进制数。

（3）需要将生成的十进制数转换为十六进制数。

（4）需要将转换后的二进制数和十六进制数进行输出显示。

【需求难点】

（1）随机数生成：需要了解如何生成随机数。

（2）进制转换：需要了解如何将十进制数转换为二进制数和十六进制数。

【步骤】

（1）生成随机十进制数：使用 Random 类生成一个随机十进制数。

（2）十进制数转换为二进制数：使用 Integer. toBinaryString( )方法将生成的十进制数转换为二进制数。

（3）十进制数转换为十六进制数：使用 Integer. toHexString( )方法将生成的十进制数转换为十六进制数。

（4）输出转换结果：将生成的随机十进制数以及转换后的二进制数和十六进制数进行输出显示。

参考代码如下。

```java
importjava.util.Random;

public class NumberBaseConverter {
    public static void main(String[] args) {
        Randomrandom = new Random();

        //生成一个随机十进制数
        int decimalNumber = random.nextInt(100);
        System.out.println("随机的十进制数:"+decimalNumber);

        //十进制数转换为二进制数
        String binaryNumber = Integer.toBinaryString(decimalNumber);
        System.out.println("转换为二进制:"+binaryNumber);

        //十进制数转换为十六进制数
        String hexNumber = Integer.toHexString(decimalNumber);
        System.out.println("转换为十六进制:"+hexNumber);
    }
}
```

代码运行结果如图 6-9 所示。

```
D:\JDK17\bin\java.exe "-javaagent:D:\IDEA编译器\IntelliJ IDEA 202
随机的十进制数: 67
转换为二进制: 1000011
转换为十六进制: 43

进程已结束，退出代码为 0
```

图 6-9　代码运行结果

在上述代码中，使用 Random 类生成一个随机十进制数，然后利用 Integer 类的静态方法将其转换为二进制数和十六进制数，并将结果输出到控制台。上述代码可以帮助用户进行进制转换，并展示 Random 类生成随机数的功能。

任务 4　实现日期和时间的计算转化

Java 提供了许多用于处理日期和时间的类，这些类位于 java.time 包中。日期时间类包括 LocalDate 类、Instant 类、LocalTime 类、Duration 类和 Period 类等，下面对这些主要类进行讲解。

6.4.1　LocalDate 类

java.time.LocalDate 是 Java 8 及以后版本引入的日期类，用于表示日期，不包含时间和时区信息。它提供了简单的日期操作，包括日期的创建、解析、格式化以及日期字段的获取和修改。

LocalDate 类的常用方法见表 6-8。

表 6-8　LocalDate 类的常用方法

方法	描述
now()	以当前日期初始化对象
of(int year, int month, int dayOfMonth)	根据年、月、日初始化对象
getYear()	获取年份
getMonth()	获取月份
getDayOfMonth()	获取月中的天数
getDayOfWeek()	获取星期几
plusDays(long daysToAdd)	增加指定天数
plusWeeks(long weeksToAdd)	增加指定周数
plusMonths(long monthsToAdd)	增加指定月数
plusYears(long yearsToAdd)	增加指定年数
minusDays(long daysToSubtract)	减去指定天数
minusWeeks(long weeksToSubtract)	减去指定周数
minusMonths(long monthsToSubtract)	减去指定月数
minusYears(long yearsToSubtract)	减去指定年数
isBefore(LocalDate other)	判断是否在另一日期之前
isAfter(LocalDate other)	判断是否在另一日期之后
isEqual(LocalDate other)	判断是否与另一日期相等

方法	描述
with(TemporalAdjuster adjuster)	使用给定的调整器调整日期
format(DateTimeFormatter formatter)	使用给定的格式化程序格式化日期

以下是一个简单的综合示例，演示了如何使用 LocalDate 类的常用方法进行日期操作，包括创建日期、修改日期、比较日期等操作。

```java
importjava.time.LocalDate;

public class LocalDateExample {
    public static void main(String[] args) {
        //获取当前日期
        LocalDate currentDate=LocalDate.now();
        System.out.println("当前日期:"+currentDate);

        //创建指定日期
        LocalDate specialDate=LocalDate.of(2023, 9, 15);
        System.out.println("指定日期:"+specialDate);

        //增加天数
        LocalDate futureDate=currentDate.plusDays(7);
        System.out.println("未来日期:"+futureDate);

        //减去月数
        LocalDate pastDate=currentDate.minusMonths(3);
        System.out.println("过去日期:"+pastDate);

        //设置特定日期
        LocalDate newDate=
        currentDate.withYear(2025).withMonth(12).withDayOfMonth(25);
        System.out.println("新日期:"+newDate);

        //比较日期
        if (currentDate.isEqual(specialDate)) {
        System.out.println("当前日期与指定日期相同");
        } else if (currentDate.isBefore(specialDate)) {
        System.out.println("当前日期在指定日期之前");
        } else if (currentDate.isAfter(specialDate)) {
```

```
                System.out.println("当前日期在指定日期之后");
            }
        }
    }
```

代码运行结果如图 6-10 所示。

```
D:\JDK17\bin\java.exe "-javaagent:D:\IDEA编译器\IntelliJ IDEA 2023.2\lib
当前日期：2023-11-15
指定日期：2023-09-15
未来日期：2023-11-22
过去日期：2023-08-15
新日期：2025-12-25
当前日期在指定日期之后

进程已结束，退出代码为 0
```

图 6-10　代码运行结果

在上述代码中，首先获取当前日期并创建了一个指定日期；然后对当前日期进行增加天数、减去月数和设置特定日期的操作；最后比较当前日期与指定日期的关系。这个综合示例展示了 LocalDate 类常用方法的灵活性和实用性，它们可以满足各种日期操作的需求。

6.4.2　Instant 类

java.time.Instant 是 Java 8 及以后版本引入的类，用于表示时间线上的一个时间点，精确到纳秒。它与 java.util.Date 类似，但更加精确，并且不包含与时区相关的信息。

Instant 类的常用方法见表 6-9。

表 6-9　Instant 类的常用方法

方法	描述
ofEpochSecond(long epochSecond)	从 1970-01-01T00：00：00Z 起指定秒数创建一个 Instant 对象
ofEpochSecond(long epochSecond, long nanoAdjustment)	从 1970-01-01T00：00：00Z 起指定秒数和纳秒数创建一个 Instant 对象
now()	以当前的 UTC 时间创建一个 Instant 对象
now(Clock clock)	使用指定的时钟获取当前时间创建一个 Instant 对象
getEpochSecond()	获取自 1970-01-01T00：00：00Z 起的秒数
getNano()	获取纳秒数
plusSeconds(long secondsToAdd)	增加指定秒数
plusMillis(long millisToAdd)	增加指定毫秒数

方法	描述
plusNanos(long nanosToAdd)	增加指定纳秒数
minusSeconds(long secondsToSubtract)	减去指定秒数
minusMillis(long millisToSubtract)	减去指定毫秒数
minusNanos(long nanosToSubtract)	减去指定纳秒数
isAfter(Instant otherInstant)	判断是否在另一个 Instant 对象之后
isBefore(Instant otherInstant)	判断是否在另一个 Instant 对象之前
isEqual(Instant otherInstant)	判断是否与另一个 Instant 对象相等

这些方法为 Instant 类提供了丰富的功能，用于创建时间点、获取时间信息、执行时间的加/减操作，以及比较不同时间点的关系。

以下是一个简单的综合示例，演示了如何使用 Instant 类的常用方法创建时间点、执行时间的加/减操作，以及比较不同时间点的关系。

```java
importjava.time.Instant;

public class InstantExample {
    public static void main(String[] args) {
        //获取当前时间点
        Instant currentInstant = Instant.now();
        System.out.println("当前时间点:"+currentInstant);

        //根据秒数创建时间点
        Instant specificSecond = Instant.ofEpochSecond(1630489855);
        System.out.println("特定时间点:"+specificSecond);

        //根据毫秒数创建时间点
        Instant specificMilli = Instant.ofEpochMilli(1630489855123L);
        System.out.println("特定时间点:"+specificMilli);

        //增加时间量
        Instant futureInstant = currentInstant.plusSeconds(3600);
        System.out.println("未来时间点:"+futureInstant);

        //减去时间量
        Instant pastInstant = currentInstant.minusSeconds(1800);
        System.out.println("过去时间点:"+pastInstant);
```

```
//比较时间点
if (currentInstant.isAfter(specificSecond)) {
System.out.println("当前时间点在特定时间点之后");
} else if (currentInstant.isBefore(specificSecond)) {
System.out.println("当前时间点在特定时间点之前");
} else {
System.out.println("当前时间点与特定时间点相同");
}
}
}
```

代码运行结果如图 6-11 所示。

```
D:\JDK17\bin\java.exe "-javaagent:D:\IDEA编译器\IntelliJ IDEA 2023.2\lib
当前时间点: 2023-11-15T09:12:14.939364900Z
特定时间点: 2021-09-01T09:50:55Z
特定时间点: 2021-09-01T09:50:55.123Z
未来时间点: 2023-11-15T10:12:14.939364900Z
过去时间点: 2023-11-15T08:42:14.939364900Z
当前时间点在特定时间点之后

进程已结束，退出代码为 0
```

图 6-11　代码运行结果

在上述代码中，首先获取当前的时间点，并创建两个特定的时间点，一个是根据秒数创建的，另一个是根据毫秒数创建的；然后对当前时间点进行增加和减去时间量的操作；最后比较当前时间点与特定时间点的关系。这个综合示例展示了 Instant 类常用方法的灵活性和实用性，它们可以满足各种时间点操作的需求。

6.4.3　LocalTime 类

java.time.LocalTime 是 Java 8 及以后版本引入的类，用于表示时间，不包含日期和与时区相关的信息。它提供了对时间进行操作的方法，包括创建时间、解析时间、格式化时间以及获取和修改时间字段。

LocalTime 类的常用方法见表 6-10。

表 6-10　LocalTime 类的常用方法

方法	描述
now( )	以当前时间初始化对象
of(int hour, int minute)	根据小时和分钟初始化对象

方法	描述
of(int hour, int minute, int second)	根据小时、分钟和秒初始化对象
getHour( )	获取小时数
getMinute( )	获取分钟数
getSecond( )	获取秒数
plusHours(long hoursToAdd)	增加指定小时数
plusMinutes(long minutesToAdd)	增加指定分钟数
plusSeconds(long secondsToAdd)	增加指定秒数
minusHours(long hoursToSubtract)	减去指定小时数
minusMinutes(long minutesToSubtract)	减去指定分钟数
minusSeconds(long secondsToSubtract)	减去指定秒数
isBefore(LocalTime other)	判断是否在另一个时间之前
sAfter(LocalTime other)	判断是否在另一个时间之后
isEqual(LocalTime other)	判断是否与另一个时间相等
format(DateTimeFormatter formatter)	使用给定的格式化程序格式化时间

这些方法为 LocalTime 类提供了丰富的功能，能够满足各种时间操作的需求。

下面是一个简单的综合示例，演示了如何使用 LocalTime 类的常用方法创建时间、执行时间的加/减操作、设置特定时间字段的值以及比较不同时间的关系。

```java
importjava.time.LocalTime;
importjava.time.format.DateTimeFormatter;

public class LocalTimeExample {
    public static void main(String[] args) {
        //获取当前时间
        LocalTime currentTime=LocalTime.now();
        System.out.println("当前时间:"+currentTime);

        //创建指定时间
        LocalTime specificTime=LocalTime.of(14,30,0);
        System.out.println("指定时间:"+specificTime);

        //获取小时和分钟
        int hour=currentTime.getHour();
        int minute=currentTime.getMinute();
```

```
System.out.println("小时:"+hour+" 分钟:"+minute);

//增加时间
LocalTime futureTime=currentTime.plusHours(2);
System.out.println("未来时间:"+futureTime);

//设置特定时间字段的值
LocalTimenewTime=currentTime.withHour(20).withMinute(45).withSecond(30);
System.out.println("新时间:"+newTime);

//比较时间
if(specificTime.isAfter(currentTime)){
System.out.println("指定时间在当前时间之后");
} else if(specificTime.isBefore(currentTime)){
System.out.println("指定时间在当前时间之前");
} else {
System.out.println("指定时间与当前时间相同");
}

//格式化时间
DateTimeFormatter formatter=DateTimeFormatter.ofPattern("HH:mm:ss");
String formattedTime=currentTime.format(formatter);
System.out.println("格式化时间:"+formattedTime);
    }
}
```

代码运行结果如图6-12所示。

```
D:\JDK17\bin\java.exe "-javaagent:D:\IDEA编译器\IntelliJ IDEA 2023.
当前时间: 17:52:19.218586400
指定时间: 14:30
小时: 17 分钟: 52
未来时间: 19:52:19.218586400
新时间: 20:45:30.218586400
指定时间在当前时间之前
格式化时间: 17:52:19

进程已结束, 退出代码为 0
```

图6-12　代码运行结果

Java 编程基础 ··········

在上述代码中，首先获取当前的时间，然后创建一个特定的时间；接着获取当前时间的小时和分钟，并对当前时间进行了加/减操作；然后使用 with( ) 方法设置新的时间字段的值，并比较特定时间与当前时间的关系；最后使用 format( ) 方法将时间格式化为指定的字符串格式。这个综合示例展示了 LocalTime 类常用方法的使用，它们能够满足各种时间操作的需求，使时间处理变得更加灵活和便捷。

6.4.4 Duration 类

java. time. Duration 是 Java 8 及以后版本引入的类，用于表示持续时间，以纳秒为单位。它提供了用于计算和处理时间间隔的方法，例如计算两个时间点之间的差异、执行时间的加/减操作等。

Duration 类的常用方法见表 6-11。

表 6-11　Duration 类的常用方法

方法	描述
ofDays(long days)	创建指定天数的持续时间
ofHours(long hours)	创建指定小时数的持续时间
ofMinutes(long minutes)	创建指定分钟数的持续时间
ofSeconds(long seconds)	创建指定秒数的持续时间
ofMillis(long millis)	创建指定毫秒数的持续时间
ofNanos(long nanos)	创建指定纳秒数的持续时间
getSeconds( )	获取持续时间的秒数
toDays( )	将持续时间转换为天数
toHours( )	将持续时间转换为小时数
toMinutes( )	将持续时间转换为分钟数
plus(Duration duration)	将指定持续时间与此持续时间相加
minus(Duration duration)	将指定持续时间与此持续时间相减
multipliedBy(long multiplicand)	将此持续时间乘以指定的数量
dividedBy(long divisor)	将此持续时间除以指定的数量
isNegative( )	检查持续时间是否为负数
isZero( )	检查持续时间是否为零

下面是一个简单的综合示例，演示了如何使用 Duration 类的常用方法创建持续时间、获取持续时间的值，执行持续时间的加/减操作以及获取绝对持续时间。

```
importjava.time.Duration;

public class DurationExample {
```

136

```java
public static void main(String[] args) {
    // 创建持续时间
    Duration duration = Duration.ofHours(2);
    System.out.println("持续时间:"+duration);

    // 获取持续时间的值
    long totalSeconds = duration.getSeconds();
    long totalMinutes = duration.toMinutes();
    long totalHours = duration.toHours();
    System.out.println("总秒数:"+totalSeconds);
    System.out.println("总分钟数:"+totalMinutes);
    System.out.println("总小时数:"+totalHours);

    // 执行加/减操作
    Duration futureDuration = duration.plusMinutes(30);
    Duration pastDuration = duration.minusHours(1);
    System.out.println("未来持续时间:"+futureDuration);
    System.out.println("过去持续时间:"+pastDuration);

    // 获取绝对持续时间
    Duration negativeDuration = Duration.ofSeconds(-120);
    Duration absoluteDuration = negativeDuration.abs();
    System.out.println("绝对持续时间:"+absoluteDuration);
    }
}
```

代码运行结果如图 6-13 所示。

```
D:\JDK17\bin\java.exe "-javaagent:D:\IDEA编译器\IntelliJ IDEA 2023.2\l
持续时间：PT2H
总秒数：7200
总分钟数：120
总小时数：2
未来持续时间：PT2H30M
过去持续时间：PT1H
绝对持续时间：PT2M

进程已结束，退出代码为 0
```

图 6-13　代码运行结果

在上述代码中，首先创建一个持续时间对象，并获取其总秒数、总分钟数和总小时数；

然后对持续时间执行加/减操作，得到未来的持续时间和过去的持续时间；最后创建一个负的持续时间，并使用 abs( )方法获取其绝对持续时间。这个综合示例展示了 Duration 类常用方法的使用，它们能够满足各种时间间隔处理的需求，使时间间隔的处理变得更加灵活和便捷。

6.4.5 Period 类

java. time. Period 是 Java 8 及以后版本引入的类，用于表示日期间隔，例如表示两个日期相差多少天、多少月、多少年等。Period 类提供了一系列方法来处理日期间隔，计算日期间隔的差异，以及执行日期间隔的加/减操作。

Period 类的常用方法见表 6-12。

表 6-12　Period 类的常用方法

方法	描述
now( )	以当前时间初始化对象
of(int hour, int minute)	根据小时和分钟初始化对象
of(int hour, int minute, int second)	根据小时、分钟和秒初始化对象
getHour( )	获取小时数
getMinute( )	获取分钟数
getSecond( )	获取秒数
plusHours(long hoursToAdd)	增加指定小时数
plusMinutes(long minutesToAdd)	增加指定分钟数
plusSeconds(long secondsToAdd)	增加指定秒数
minusHours(long hoursToSubtract)	减去指定小时数
minusMinutes(long minutesToSubtract)	减去指定分钟数
minusSeconds(long secondsToSubtract)	减去指定秒数
isBefore(LocalTime other)	判断是否在另一个时间之前
isAfter(LocalTime other)	判断是否在另一个时间之后
isEqual(LocalTime other)	判断是否与另一个时间相等
format(DateTimeFormatter formatter)	使用给定的格式化程序格式化时间

这些方法为 Period 类提供了丰富的功能，能够满足各种日期间隔处理的需求。

下面是一个简单的综合示例，演示了如何使用 Period 类的常用方法创建日期间隔、获取日期间隔的值，执行日期间隔的加/减操作。

```java
importjava.time.LocalDate;
importjava.time.Period;

public class PeriodExample {
    public static voidmain(String[] args) {
        // 创建日期间隔
        Period period=Period.of(1, 6, 10);
        System.out.println("日期间隔:"+period);

        //获取日期间隔的值
        int years=period.getYears();
        int months=period.getMonths();
        int days=period.getDays();
        System.out.println("年份:"+years);
        System.out.println("月份:"+months);
        System.out.println("天数:"+days);

        //执行加/减操作
        LocalDate startDate=LocalDate.of(2021, 1, 1);
        LocalDate futureDate=startDate.plus(period);
        LocalDate pastDate=startDate.minus(period);
        System.out.println("未来日期:"+futureDate);
        System.out.println("过去日期:"+pastDate);
    }
}
```

代码运行结果如图 6-14 所示。

```
D:\JDK17\bin\java.exe "-javaagent:D:\IDEA编译器\IntelliJ IDEA 202
日期间隔: P1Y6M10D
年份: 1
月份: 6
天数: 10
未来日期: 2022-07-11
过去日期: 2019-06-21

进程已结束，退出代码为 0
```

图 6-14 代码运行结果

在上述代码中，首先创建一个日期间隔对象，并获取其年、月和日的值；然后使用日期间隔对象对给定的起始日期进行加/减操作，得到未来的日期和过去的日期。这个综合示例展示了 Period 类常用方法的使用，它们能够满足各种日期间隔处理的需求，使日期间隔的处理变得更加灵活和便捷。

【需求分析】

本任务要求进行日期和时间的计算操作。通过分析，可以得出以下需求。

（1）需要计算两个日期的间隔。

（2）需要计算两个时间的间隔。

（3）需要对日期和时间进行加/减操作。

（4）需要将计算结果进行输出显示。

【需求难点】

（1）日期间隔计算：需要了解如何使用 Period 类计算日期间隔。

（2）时间间隔计算：需要了解如何使用 Duration 类计算时间间隔。

（3）日期和时间的加/减操作：需要了解如何对日期和时间进行加/减操作。

【步骤】

（1）计算日期间隔：使用 Period. between( )方法计算两个日期的间隔。

（2）计算时间间隔：使用 Duration. between( )方法计算两个时间的间隔。

（3）日期和时间的加/减操作：使用 plus( )方法和 minus( )方法对日期和时间进行加/减操作。

（4）输出结果：将计算得到的日期间隔、时间间隔以及加/减操作后的日期/时间进行输出显示。

参考代码如下。

```java
importjava.time.LocalDate;
importjava.time.LocalTime;
importjava.time.LocalDateTime;
importjava.time.Period;
importjava.time.Duration;

public class DateTimeCalculationExample {
    public static void main(String[] args) {
        //计算日期间隔
        LocalDate startDate=LocalDate.of(2021, 1, 1);
        LocalDate endDate=LocalDate.of(2022, 1, 1);
        Period period=Period.between(startDate, endDate);
         System.out.println("日期间隔:"+period.getYears()+" years "+period.getMonths()+" months "+period.getDays()+" days");

        //计算时间间隔
        LocalTime startTime=LocalTime.of(9, 0);
```

```
        LocalTime endTime=LocalTime.of(17, 0);
        Duration duration=Duration.between(startTime, endTime);
         System.out.println("时间间隔:"+duration.toHours()+" hours "+dura-
tion.toMinutes() % 60+" minutes");


        //日期和时间的加/减操作
        LocalDateTime dateTime=LocalDateTime.of(startDate, startTime);
        LocalDateTime futureDateTime=dateTime.plus(period).plus(duration);
        System.out.println("未来日期时间:"+futureDateTime);
    }
}
```

代码运行结果如图 6-15 所示。

```
D:\JDK17\bin\java.exe "-javaagent:D:\IDEA编译器\IntelliJ IDEA 2023.
日期间隔: 1 years 0 months 0 days
时间间隔: 8 hours 0 minutes
未来日期时间: 2022-01-01T17:00

进程已结束, 退出代码为 0
```

图 6-15　代码运行结果

在上述代码中，首先计算两个日期之间的间隔，并输出年、月和日的差值；然后计算两个时间之间的间隔，并输出小时和分钟的差值；最后对日期和时间进行加/减操作，得到未来的日期和时间。这个示例演示了如何使用 Period 类的常用方法进行日期和时间的计算与转化。

任务 5　实现身份证号验证功能

正则表达式是一种强大的文本匹配和处理工具，它在 Java 中的应用十分广泛。Java 提供了 java.util.regex 包来支持正则表达式的处理，通过该包可以实现文本的搜索、替换、分割等操作。本任务介绍 Java 中正则表达式的基本语法格、常用方法以及实际应用示例。

6.5.1　元字符

在正则表达式中，元字符是一组具有特殊含义的字符，用于表示匹配模式中的特定字符或字符集合。它是构成正则表达式的基本组成部分，具有特殊的含义和用途。

常用的元字符及其含义见表 6-13。

表 6-13　常用的元字符及其含义

元字符	含义
.	任意字符

元字符	含义
\ d	数字字符
\ D	非数字字符
\ w	单词字符（字母、数字、下划线）
\ W	非单词字符
\ s	空白字符（空格、制表符、换行符等）
\ S	非空白字符
^	匹配行的开头
$	匹配行的结尾
[abc]	匹配字符集中的任意一个字符
[^abc]	匹配除了字符集以外的任意一个字符
[a-z]	匹配指定范围内的任意小写字母
[A-Z]	匹配指定范围内的任意大写字母
[0-9]	匹配指定范围内的任意数字

这些元字符在正则表达式中扮演着重要的角色，能够方便快捷地匹配特定类型的字符或字符集合，为文本匹配和处理提供了强大的工具。

6.5.2 Matcher 类

Matcher 类是 Java 中用于对字符串进行正则表达式匹配操作的关键类之一。它主要用于在给定的输入字符串中执行模式匹配，查找或替换与正则表达式模式匹配的子序列。

Matcher 类的常用方法见表 6-14。

表 6-14　Matcher 类的常用方法

方法	描述
matches( )	尝试将整个区域与模式匹配
find( )	在输入序列中查找下一个匹配项
group( )	返回由以前匹配操作所匹配的输入子序列
start( )	返回以前匹配的初始索引
end( )	返回最后匹配字符之后的偏移量
lookingAt( )	尝试将输入序列的开头与该模式匹配
matches(int start)	将给定的索引设置为此匹配器的搜索起始点
reset( )	重置此匹配器
usePattern(Pattern newPattern)	更改此匹配器的模式

续表

方法	描述
groupCount( )	返回执行以前的匹配操作所引起的捕获组计数
hitEnd( )	尝试匹配器是否已经完成了其输入的匹配操作
region(int start, int end)	设置此匹配器的区域限制为给定的索引
toMatchResult( )	返回一个 MatchResult 对象，包含与此匹配器的匹配操作相关的状态信息

这些方法的组合使 Matcher 类成为一个强大而灵活的工具，能够满足各种文本匹配、查找和替换的需求。

下面是一个简单的综合示例，演示了如何使用 Matcher 类的常用方法。

```java
import java.util.regex.Matcher;
import java.util.regex.Pattern;

public class RegexExample {
    public static void main(String[] args) {
        String text = "Hello, my phone number is 123-456-7890. Please call me!";
        String patternString = "\\b\\d{3}-\\d{3}-\\d{4}\\b";//匹配电话号码格式
        Pattern pattern = Pattern.compile(patternString);
        Matcher matcher = pattern.matcher(text);

        //查找匹配的电话号码并输出
        while (matcher.find()) {
            String phoneNumber = matcher.group();
            System.out.println("Found phone number: "+phoneNumber);
        }

        //替换匹配的电话号码为"***-***-****"
        String maskedText = matcher.replaceAll("***-***-****");
        System.out.println("Masked text: "+maskedText);
    }
}
```

代码运行结果如图 6-16 所示。

```
D:\JDK17\bin\java.exe "-javaagent:D:\IDEA编译器\IntelliJ IDEA 2023.2\lib
Found phone number: 123-456-7890
Masked text: Hello, my phone number is ***-***-****. Please call me!

进程已结束，退出代码为 0
```

图 6-16　代码运行结果

上述示例演示了如何使用 Matcher 类进行文本匹配和替换操作。首先，创建一个包含电话号码的文本字符串；然后，定义一个正则表达式模式，用于匹配电话号码的格式；接着，创建一个 Pattern 对象，并使用它创建一个 Matcher 对象，用于对输入文本进行匹配操作。

在 while（matcher. find（））循环中，使用 find（）方法查找输入文本中的匹配项，并使用 group（）方法获取匹配的电话号码，然后将其输出到控制台。

最后，使用 replaceAll（）方法将匹配的电话号码替换为"--＊＊＊＊＊"，并将替换后的文本输出到控制台。

这个示例展示了 Matcher 类的常用方法的实际应用。通过结合正则表达式和 Matcher 类的灵活操作，可以方便地进行文本匹配和替换，满足各种字符串处理的需求。

6.5.3 Pattern 类

Pattern 类是 Java 中用于表示正则表达式模式的对象。它提供了方法来编译和解释正则表达式，使开发人员能够对字符串进行模式匹配、查找和替换操作。

Pattern 类的常用方法见表 6-15。

表 6-15 Pattern 类的常用方法

方法	描述
matches(String regex, CharSequence input)	编译给定的正则表达式并尝试将其与给定的输入序列匹配
pattern( )	返回正则表达式的字符串表示形式
matcher(CharSequence input)	创建一个匹配给定输入与此模式的新匹配器
split(CharSequence input)	将输入字符串根据模式匹配拆分为字符串数组
flags( )	返回此模式的匹配标志

这些方法为 Pattern 类提供了丰富的功能，使开发人员可以对正则表达式进行编译、匹配、拆分等操作，从而方便地处理各种字符串模式匹配和处理需求。

下面是一个简单的综合示例，演示了如何使用 Patter 类的常用方法。

```java
importjava.util.regex.Matcher;
importjava.util.regex.Pattern;

public class PatternExample {
    public static void main(String[] args) {
        //定义一个正则表达式模式,用于匹配包含数字和字母的字符串
        String regex = "[a-zA-Z0-9]+";

        //编译正则表达式模式,创建 Pattern 对象
        Pattern pattern = Pattern.compile(regex);

        //创建一个输入字符串
```

```
        String input = "Hello123,This is a Test456!";

        //使用 Pattern 对象创建 Matcher 对象
        Matcher matcher = pattern.matcher(input);

        //使用 Matcher 对象进行匹配查找
        while(matcher.find()) {
            System.out.println("Found: "+matcher.group());
        }

        //使用 split()方法根据正则表达式模式拆分输入字符串
        String[] parts = pattern.split(input);
        System.out.println("Split result:");
        for (String part : parts) {
        System.out.println(part);
        }
    }
}
```

代码运行结果如图 6-17 所示。

```
D:\JDK17\bin\java.exe "-javaagent:D:\IDEA编译器\IntelliJ IDEA 202
Found: Hello123
Found: This
Found: is
Found: a
Found: Test456
Split result:
```

图 6-17　代码运行结果

在上述代码中，首先定义一个正则表达式模式，该模式用于匹配包含数字和字母的字符串；然后使用 Pattern. compile() 方法编译这个正则表达式模式，创建一个 Pattern 对象；接着创建一个输入字符串 input，并使用 Pattern 对象的 matcher() 方法创建一个 Matcher 对象。

在循环中，使用 Matcher 对象的 find() 方法进行匹配查找，并使用 group() 方法输出找到的匹配项。这展示了正则表达式模式如何应用于输入字符串，以查找匹配的子序列。

最后，使用 split() 方法根据正则表达式模式拆分输入字符串，并输出拆分后的结果。

这个示例展示了 Pattern 类的一些常用方法的实际应用。通过结合正则表达式和 Pattern 类的操作，可以方便地进行文本匹配和拆分，满足各种字符串处理的需求。

【需求分析】

本任务要求实现验证身份证号码是否符合指定格式的功能。通过分析，可以得出以下需求。

（1）需要定义用于验证身份证号码的正则表达式模式。

（2）需要验证给定的身份证号码是否符合指定格式。

（3）需要输出验证结果，即验证通过或格式不正确。

【需求难点】

（1）正则表达式模式定义：需要了解如何使用正则表达式定义身份证号码的格式要求。

（2）身份证号码验证：需要了解如何使用正则表达式模式验证给定的身份证号码。

【步骤】

（1）定义正则表达式模式：使用正则表达式定义身份证号码的格式要求，如 "\d{17} [0-9Xx]"。

（2）编译正则表达式模式：使用 Pattern. compile（）方法创建对应的正则表达式模式对象。

（3）创建 Matcher 对象：使用创建的正则表达式模式对象创建 Matcher 对象，用于进行实际的匹配操作。

（4）判断匹配结果：将待验证的身份证号码与正则表达式模式进行匹配，根据匹配结果输出验证通过或格式不正确的提示。

参考代码如下。

```java
importjava.util.regex.Matcher;
importjava.util.regex.Pattern;

public class IDValidation {
    public static void main(String[] args) {
        String idPattern = "\\d{17}[0-9Xx]";//身份证号码的正则表达式模式
        String idNumber = "510105198807015656";//待验证的身份证号码

        //编译正则表达式模式,创建 Pattern 对象
        Pattern pattern = Pattern.compile(idPattern);

        //使用 Pattern 对象创建 Matcher 对象
        Matcher matcher = pattern.matcher(idNumber);

        //判断整个输入字符串是否与正则表达式模式匹配
        if (matcher.matches()) {
            System.out.println("身份证号码验证通过!");
        } else {
            System.out.println("身份证号码格式不正确!");
```

```
        }
      }
    }
```

代码运行结果如图 6-18 所示。

```
D:\JDK17\bin\java.exe "-javaagent:D:\IDEA编译器\IntelliJ IDEA 20
身份证号码验证通过！


进程已结束，退出代码为 0
```

图 6-18 代码运行结果

在上述代码中，首先，定义一个身份证号码的正则表达式模式 idPattern，并创建一个待验证的身份证号码 idNumber；然后，使用 Pattern. compile( )方法编译这个正则表达式模式，创建一个 Pattern 对象；最后，使用 Pattern 对象的 matcher( )方法创建一个 Matcher 对象，并使用 matches( )方法判断输入的身份证号码是否与正则表达式模式匹配。

当输入的身份证号码符合正则表达式模式时，会输出"身份证号码验证通过！"；当输入的身份证号码格式不正确时，会输出"身份证号码格式不正确！"。

这个简单的示例演示了如何使用 Pattern 类和正则表达式来实现身份证号验证功能。通过结合正则表达式和 Pattern 类的操作，可以方便地进行字符串格式验证，满足各种格式验证的需求。

【项目小结】

本项目详细介绍 Java API 的基础知识。首先介绍了 Java 中的 String 类、StringBuffer 类和 StringBuilder 类的使用；其次介绍了 System 类和 Runtime 类的使用；接着介绍了 Math 类与 Random 类的使用；然后详细介绍了日期时间类中的 Instant 类、LocalDate 类、LocalTime 类、Period 类和 Duration 类的使用；最后从元字符、Pattern 类和 Matcher 类对正则表达式的支持介绍了正则表达式的使用。深入理解 Java API 对以后的实际开发是大有裨益的。

【技能强化】

一、选择题

1. 下列哪个不是 Java API 的核心库？（   ）

A. java. util   B. java. io   C. java. net   D. java. gui

2. ArrayList 属于哪个 Java API 包？（   ）

A. java. util   B. jjava. lang   C. java. io   D. java. net

3. 下列哪个包用于图形用户界面开发？（   ）

A. java. util   B. java. lang   C. java. awt   D. java. net

4. java. sql 包主要用于（   ）。

A. 图形用户界面开发   B. 网络编程

C. 连接和操作数据库　　　　　　　D. 多线程编程

5. Pattern 类主要用于（　　　）。

A. 日期处理　　　　　　　　　　　B. 文本匹配和处理

C. 网络通信　　　　　　　　　　　D. 文件操作

二、填空题

1. java. io 包提供了用于_____的类和方法，包括文件操作、流操作等。

2. HashMap 属于_____包。

3. java. util 包中的 Date 类用于_____。

4. java. net 包提供了用于_____的类和方法。

5. Thread 类用于支持_____编程。

三、编程题

1. 编写一个程序，使用 ArrayList 类存储一些字符串，并输出列表中的所有元素。

2. 编写一个程序，使用 FileReader 类读取一个文本文件，并将文件内容显示在控制台上。

3. 编写一个程序，创建一个简单的图形用户界面，包括一个按钮和一个文本框，并实现按钮的点击事件，在文本框中显示"Hello, Java!"。

4. 编写一个程序，要求用户输入一个文本字符串和两个子字符串 A 和 B。该程序应该查找文本中出现的所有子字符串 A，并将其替换为子字符串 B，最后输出修改后的文本。

5. 编写一个程序，要求用户输入一个文本字符串。该程序应该统计文本中每个单词出现的次数，并按照单词及其出现次数进行输出。要求忽略大小写，即"Hello"和"hello"应该被视为同一个单词。

项目 7

实现古诗词翻译系统

【项目导入】

Java 中的集合是一组用于存储和操作数据的类和接口。集合框架提供了多种类型的集合类，用于表示和操作不同类型的数据结构，如列表、队列、集、映射等。Java 集合框架的核心是接口和实现，这种设计支持高效的数据操作并提供了灵活的数据存储选择。

【项目目标】

（1）了解集合与 Collection 接口。

（2）掌握 List 接口、Set 接口以及 Map 接口的使用。

（3）掌握 Iterator 迭代器和 foreach 循环的使用。

（4）熟悉泛型的使用。

【素质目标】

（1）培养学生的数据结构和算法意识，通过 Java 集合框架的学习，使学生理解其在软件开发中的核心作用。

（2）引导学生正确使用 Java 集合类，理解泛型在集合中的重要性，提高代码的可读性和安全性。

（3）培养学生的逻辑思维和问题解决能力，通过分析和解决与集合相关的问题，提高学生的编程技巧。

（4）帮助学生理解软件开发中的职业道德和规范，特别是在使用集合和泛型时，应遵循最佳实践和编码标准。

任务 实现古诗词翻译内容存储、显示及查询功能

【需求分析】

本任务旨在实现一个古诗词翻译内容的存储、显示和查询系统。用户可以输入一句古诗词，然后程序将显示其对应的翻译内容。若输入的古诗词有误，程序将提示用户重新输入正确的古诗词。

【需求难点】

（1）实现古诗词翻译内容的存储，需要将古诗词和对应的翻译内容关联并存储在一个数据结构中。

（2）实现古诗词翻译内容的查询，需要能够准确地根据用户输入的古诗词找到对应的翻译内容，并在找不到情况下进行适当的提示。

【步骤】

（1）存储古诗词和翻译内容：通过创建一个 HashMap，将古诗词作为键，将对应的翻译内容作为值，实现了存储功能。

（2）显示古诗词和翻译内容：通过遍历 Map 的 entrySet，将古诗词和对应的翻译内容逐条显示在控制台上。

（3）实现古诗词翻译内容查询：使用 Scanner 类实现用户输入功能，并通过循环实现循环翻译功能。在用户输入古诗词后，程序会根据用户输入的古诗词查找对应的翻译内容，并根据查找结果进行相应提示。

参考代码如下。

```java
importjava.util.*;
public class PoetryTranslation {
    public static void main(String[] args) {
        //任务一:实现古诗词翻译内容存储
        Map<String, String> map=new HashMap<>();
        map.put("故人西辞黄鹤楼","老朋友向我频频招手,在黄鹤楼告别。");
        map.put("烟花三月下扬州","在这柳絮如烟、繁花似锦的阳春三月,去扬州远游。");

        //任务二:实现古诗词翻译内容显示
        Set<Map.Entry<String, String>> entrySet=map.entrySet();
        for(Map.Entry<String, String> entry : entrySet){
            System.out.println ( "诗句:" + entry.getKey() +" \n 翻译:" + entry.getValue());
        }

        //任务三:实现古诗词翻译内容查询
        Scanner scanner=new Scanner(System.in);
        String result="";
        while(true){ //循环翻译
            System.out.println("请输入需要查询的古诗词:");
            String inputString=scanner.nextLine();
            result=map.get(inputString);
            if(result!=null){
```

```
            System.out.println("翻译内容为:"+result);
        }else {
            System.out.println("未找到古诗词,请重新输入正确的诗句。");
        }
    }
}
}
```

代码的运行结果如图 7-1 所示。

诗句：故人西辞黄鹤楼
翻译：老朋友向我频频招手，在黄鹤楼告别。
诗句：烟花三月下扬州
翻译：在这柳絮如烟、繁花似锦的阳春三月，去扬州远游。
请输入需要查询的古诗词：
你好
未找到古诗词，请重新输入正确的诗句。
请输入需要查询的古诗词：
故人西辞黄鹤楼
翻译内容为：老朋友向我频频招手，在黄鹤楼告别。
请输入需要查询的古诗词：

图 7-1　代码运行结果

上述代码是一个简单的 Java 程序，用于实现古诗词翻译内容的存储、显示和查询功能。下面讲解上述代码的功能和逻辑。

（1）古诗词翻译内容存储。

使用 HashMap 存储古诗词和对应的翻译内容。这里，古诗词作为键，对应的翻译内容作为值，这样可以快速通过古诗词找到对应的翻译内容。

（2）古诗词翻译内容显示。

通过遍历 HashMap 的 entrySet，将古诗词和对应的翻译内容逐条显示在控制台上。

（3）古诗词翻译内容查询。

使用 Scanner 类实现用户输入，用户可以输入需要查询的古诗词。通过一个无限循环 while(true) 实现循环翻译的功能，即用户可以不断输入并查询古诗词的翻译内容。

通过 map.get(inputString) 查找用户输入的古诗词对应的翻译内容，如果找到则输出翻译内容，否则提示用户重新输入正确的古诗词。

1. 集合概述

Java 中的集合就像一个容器，专门用来存储 Java 对象（实际上是对象的引用，但习惯上称为对象），这些对象可以是任意数据类型，并且长度可变。这些集合类都位于 java.util 包中，在使用时一定要注意导包的问题，否则会出现异常。集合按照其存储结构可以分为两大类，即单列集合 Collection 和双列集合 Map。这两种集合的特点具体如下。

（1）Collection：单列集合的根接口，用于存储一系列符合某种规则的元素。Collection

集合有两个重要的子接口，分别是 List 和 Set。其中，List 集合的特点是元素有序且可重复；Set 集合的特点是元素无序并且不可重复。List 接口的主要实现类有 ArayList 和 LinkedList；Set 接口的主要实现类有 HashSet 和 TreeSet。

（2）Map：双列集合的根接口，用于存储具有键（Key）、值（Values）映射关系的元素。Map 集合中每个元素都包含一对键值，并且键是唯一的，在使用 Map 集合时可以通过制定的键找到对应的值。例如，根据一个学生的学号就可以找到对应的学生。Map 接口的主要实现类有 HashMap 和 TreeMap。

Java 集合的整体框架如图 7-2 所示。

2. Collection 接口

Java 集合框架提供了一组接口和类，用于存储和操作对象集合。其中，Collection 接口是 List 和 Set 接口的父接口，该接口中定义的方法既可用于操作 Set 集合，也可用于操作 List 集合。

Collection 接口中的常用方法见表 7-1。

表 7-1　Collection 接口中的常用方法

方法	描述
int size( )	返回集合中的元素数量
boolean isEmpty( )	检查集合是否为空
boolean contains(Object o)	检查集合是否包含指定的元素
boolean add(E e)	将指定的元素添加到集合中
boolean remove(Object o)	从集合中移除指定的元素
boolean containsAll(Collection<? >c)	检查集合是否包含另一个集合中的所有元素
boolean addAll(Collection<? extends E>c)	将另一个集合中的所有元素添加到该集合中
boolean removeAll(Collection<? >c)	从集合中移除另一个集合所包含的所有元素
void clear( )	清空集合中的所有元素
Object[ ] toArray( )	将集合转换为数组
<T>T[ ] toArray(T[ ] a)	将集合转换为指定类型的数组

这些方法包含了对集合进行常见操作的基本功能，可以方便地进行元素的增、删、改、查操作，并获取集合的大小以及判断集合是否为空。在程序开发中往往很少使用 Collection 接口进行开发，基本上都是使用其子接口。

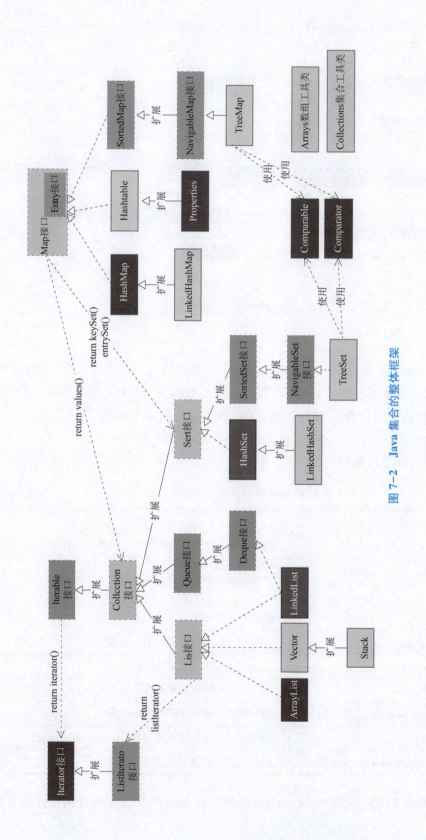

图 7-2　Java 集合的整体框架

为了方便学习，列出 Collection 接口的整体框架，如图 7-3 所示。

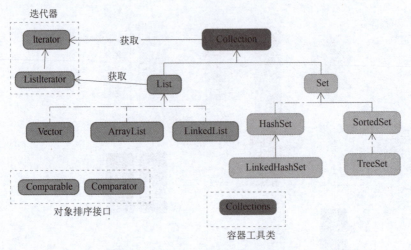

图 7-3　Collection 接口的整体框架

3. List 接口

List 接口是 Collection 接口的一个子接口。List 接口的特性是：有序、可重复、元素有索引。List 接口主要有两个实现类：ArrayList 集合与 LinkedList 集合。List 接口的用户可以根据元素的索引（在列表中的位置）访问元素。List 接口继承自 Collection 接口，因此包含了Collection 接口中的所有方法，并额外提供了有序访问元素的方法。

List 接口中的常用方法见表 7-2。

表 7-2　List 接口中的常用方法

方法	描述
void add(int index, E element)	将指定元素插入列表中的指定位置
boolean addAll(int index, Collection<? extends E> c)	将指定集合中的所有元素插入列表中的指定位置
E get(int index)	返回列表中指定位置的元素
E set(int index, E element)	用指定元素替换列表中指定位置的元素
int indexOf(Object o)	返回列表中指定元素第一次出现的索引
int lastIndexOf(Object o)	返回列表中指定元素最后一次出现的索引
List<E> subList(int fromIndex, int toIndex)	返回列表中指定范围的部分视图
E remove(int index)	移除列表中指定位置的元素
default void sort(Comparator<? super E> c)	根据指定比较器对列表进行排序

List 集合的两个主要实现类——ArrayList 集合和 LinkedList 集合都可以调用这些方法操作集合元素。

1）ArrayList 集合

ArrayList 集合是 List 接口的一个实现类，它是基于数组实现的动态数组，允许在运行时动态增大或减小数组的大小，因此可以将 ArrayList 集合看作一个长度可变的数组。

ArrayList 集合的特点如下。

（1）动态大小：ArrayList 集合可以根据需要动态扩展或缩小其大小，而不需要手动进行数组大小的管理。

（2）快速随机访问：由于基于数组实现，所以 ArrayList 集合支持通过索引快速访问元素。

（3）元素存储：可以按照插入顺序存储元素，允许包含重复元素。

（4）不适合做大量的增加或删除操作：虽然 ArrayList 集合支持动态调整大小，但在大量进行增加、删除操作时，LinkedList 集合可能更为高效。

下面是一个简单的示例，展示了如何使用 ArrayList 集合对元素进行操作。

```java
import java.util.ArrayList;

public class ArrayListExample {
    public static void main(String[] args) {
        //创建一个 ArrayList 对象,用于存储字符串
        ArrayList names=new ArrayList();

        //在 ArrayList 中增加元素
        names.add("Alice");
        names.add("Bob");
        names.add("Charlie");

        //显示 ArrayList 中的元素
        System.out.println("ArrayList 中的元素: "+names);

        //获取 ArrayList 中的元素
        Object secondName=names.get(1);
        System.out.println("第二个元素是: "+secondName);

        //检查 ArrayList 是否包含某个元素
        boolean containsAlice=names.contains("Alice");
        System.out.println("ArrayList 是否包含 Alice: "+containsAlice);

        //从 ArrayList 中移除元素
        names.remove("Bob");
        System.out.println("移除 Bob 后的 ArrayList: "+names);
```

```
        //清空 ArrayList
        names.clear();
        System.out.println("清空 ArrayList 后的元素:"+names);
    }
}
```

代码运行结果如图 7-4 所示。

```
ArrayList中的元素: [Alice, Bob, Charlie]
第二个元素是: Bob
ArrayList是否包含Alice: true
移除Bob后的ArrayList: [Alice, Charlie]
清空ArrayList后的元素: []


进程已结束，退出代码为 0
```

图 7-4 代码运行结果

上述代码演示了如何使用 ArrayList 集合。首先，创建一个 ArrayList 对象来存储字符串；然后，向 ArrayList 中添加 3 个字符串元素；最后，展示如何获取特定位置的元素、检查特定元素是否存在于 ArrayList 中、移除特定元素以及清空整个 ArrayList。

2）LinkedList 集合

LinkedList 集合是 List 接口的一个实现类，它是基于链表的数据结构，实现了 List 接口，因此具备有序、允许重复元素等特性。相较于 ArrayList 集合，LinkedList 集合在增加和删除元素时效率更高，但在随机访问元素时效率较低。

LinkedList 集合的特点如下。

（1）基于链表：LinkedList 集合的内部结构是双向链表，每个元素都包含对前一个和后一个元素的引用。

（2）增加和删除操作高效：由于链表的特性，LinkedList 集合在增加和删除元素时效率较高。

（3）不适合随机访问：相较于 ArrayList 集合，LinkedList 集合随机访问元素的效率较低。

（4）实现了 List 接口：LinkedList 集合具备 List 接口的所有方法，包括增加、删除、获取元素等操作的方法。

下面是一个简单的示例，展示了如何使用 LinkedList 集合对元素进行操作。

```
import java.util.LinkedList;


public class LinkedListExample {
```

```
public static void main(String[] args) {
    //创建一个 LinkedList 对象
    LinkedList list = new LinkedList();
    //在 LinkedList 中增加元素
    list.add("Apple");
    list.add("Banana");
    list.add("Orange");

    //显示 LinkedList 中的元素
    System.out.println("LinkedList 中的元素:");
    for (int i = 0; i < list.size(); i++) {
    System.out.println(list.get(i));
    }

    //在链表的开头增加一个新元素
    list.addFirst("Grapes");
    //显示更新后的 LinkedList 中的元素
    System.out.println(" \n 在开头添加新元素后的 LinkedList:");
    for (inti = 0; i < list.size(); i++) {
    System.out.println(list.get(i));
    }
    //移除链表中的最后一个元素
    list.removeLast();
    //显示更新后的 LinkedList 中的元素
    System.out.println(" \n 移除最后一个元素后的 LinkedList:");
    for (inti = 0; i < list.size(); i++) {
    System.out.println(list.get(i));
    }
    }
}
```

代码运行结果如图 7-5 所示。

在上述代码中，首先导入 LinkedList 类；然后在主方法中创建一个 LinkedList 对象；接着使用 add( )方法在 LinkedList 中增加了 3 个元素，并通过 for 循环和 get( )方法遍历并显示 LinkedList 中的元素；然后使用 addFirst( )方法在链表的开头增加一个新元素，再次遍历并显示更新后的 LinkedList 中的元素；最后使用 removeLast( )方法移除了链表中的最后一个元素，再次遍历并显示更新后的 LinkedList 中的元素。

```
LinkedList 中的元素:
Apple
Banana
Orange

在开头添加新元素后的 LinkedList:
Grapes
Apple
Banana
Orange

移除最后一个元素后的 LinkedList:
Grapes
Apple
Banana
```

图 7-5　代码运行结果

4. Iterator 接口

在 Java 开发过程中，经常需要遍历集合中的所有元素，但是因为有的集合含有索引，有的集合没有索引，所以无法都通过索引遍历集合中的元素。为了解决这种问题，使用 JDK 专门提供的一个接口 java.util.Iterator。

Iterator 接口也是 Java 众多集合中的一员，但是它与 Collection、Map 接口有所不同，Collection 接口与 Map 接口主要用于存储元素，而 lterator 接口主要用于迭代访问 Collection 接口中的元素，因此 lterator 对象也被称为迭代器。

1）Iterator 接口方法

Iterator 接口的主要方法见表 7-3。

表 7-3　Iterator 接口的主要方法

方法	描述
boolean hasNext( )	判断集合中是否还有下一个元素
E next( )	返回集合中的下一个元素
void remove( )	从集合中移除上一个 next( ) 方法返回的元素

2）工作原理

（1）获取迭代器对象：通过调用集合的 iterator( ) 方法来获取迭代器对象，该方法返回一个实现了 Iterator 接口的具体迭代器对象。

（2）初始位置：迭代器初始时通常位于集合的第一个元素之前，或者称为集合的起始位置。

（3）hasNext( ) 方法：通过调用 hasNext( ) 方法，可以检查迭代器是否还有下一个元素，如果有下一个元素返回 true，否则返回 false。

（4）next( ) 方法：调用 next( ) 方法可以获取迭代器当前位置上的元素，并将迭代器移动到下一个位置。

（5）删除元素：在遍历的过程中，迭代器还提供了 remove( ) 方法，用于从集合中删除迭代器最后访问过的元素。在调用 next( ) 方法之后，可以立即调用 remove( ) 方法，从而删除刚刚获取的元素。

（6）完成遍历：当 hasNext( ) 方法返回 false 时，表示已经遍历完所有的元素，可以结束遍历过程。

3）使用方式

在通常情况下，通过调用集合的 iterator( ) 方法来获取 Iterator 实例，然后结合 while 循环结构使用 Iterator 接口，以遍历集合中的元素。

下面的示例代码演示了如何使用 Iterator 接口。

```java
import java.util.ArrayList;
import java.util.Iterator;
import java.util.List;

public class Main {
    public static void main(String[] args) {
        List list = new ArrayList();
        list.add("Apple");
        list.add("Banana");
        list.add("Orange");

        Iterator iterator = list.iterator();
        while (iterator.hasNext()) {
            // 强制转换类型为 String
            String fruit = (String) iterator.next();
            System.out.println(fruit);
        }
    }
}
```

代码运行结果如图 7-6 所示。

```
Apple
Banana
Orange

进程已结束，退出代码为 0
```

图 7-6   代码运行结果

上述代码演示了如何使用迭代器遍历一个 ArrayList 列表。首先，创建一个 ArrayList 对象，然后在其中增加了 3 个字符串元素；然后，通过调用 iterator( ) 方法获取迭代器对象；

最后，使用 while 循环结构和 hasNext( )方法判断是否还有下一个元素，如果有，就使用 next( )方法获取元素，强制转换类型为 String，并打印。

4）适用范围

Iterator 接口适用于所有实现了 Iterable 接口的集合类，包括 ArrayList、LinkedList 等。它提供了一种通用的方式来遍历集合中的元素，而不需要关心具体集合的内部结构。

在使用 Iterator 接口遍历集合时，需要注意以下几点。

（1）并发修改异常：在遍历集合时，如果在遍历过程中修改了集合的结构（如增加或删除元素），则可能抛出 ConcurrentModificationException 异常。

（2）删除操作：在遍历集合时，建议使用 Iterator 接口的 remove( )方法进行元素的删除，而不要直接使用集合自身的 remove( )方法。

Iterator 接口提供了一种安全、通用的方式来遍历集合中的元素。它是集合框架中的重要组成部分，为开发人员提供了一种统一的方法来访问不同类型的集合。通过 Iterator 接口，可以安全地遍历集合，并在需要时进行元素的删除操作。

在编写代码时，使用 Iterator 接口可以有效地避免并发修改异常，并通过一种统一的、规范的遍历方式使代码更加清晰和可维护。

5. foreach 循环

在 Java 中，foreach 循环（也称为增强型 for 循环）提供了一种简洁、方便的方式来遍历数组、集合或其他可迭代对象中的元素。下面详细介绍 foreach 循环的使用方法、适用范围以及注意事项。

1）使用方式

foreach 循环的语法格式非常简洁，通常以以下方式使用。

```
for (容器中元素类型 临时变量 : 容器变量) {
    //对元素进行操作
}
```

以遍历集合为例，示例代码如下。

```
import java.util.ArrayList;
import java.util.List;

public class Main {
    public static void main(String[] args) {
        List fruits = new ArrayList();
        fruits.add("Apple");
        fruits.add("Banana");
        fruits.add("Orange");


        //使用 foreach 循环遍历集合
```

```
        for (Object fruit : fruits) {
            System.out.println((String) fruit);//强制类型转换为 String
        }
    }
}
```

代码运行结果如图 7-7 所示。

Apple
Banana
Orange

进程已结束，退出代码为 0

图 7-7　代码运行结果

上述代码演示了如何使用 foreach 循环来遍历一个不带泛型的 ArrayList 列表。首先，创建一个 ArrayList 对象；然后，在其中增加 3 个字符串元素；最后，使用 foreach 循环遍历这个列表，在循环的每次迭代中，将列表中的元素赋给对象 fruit（这里是 Object 类型），强制转换类型为 String，并打印。

2）特点

foreach 循环适用于数组、集合以及其他实现了 Iterable 接口的类。通过 foreach 循环，可以方便地遍历这些数据结构中的元素，而不需要显式地使用迭代器。

foreach 循环的特点如下。

（1）简洁性：foreach 循环提供了一种简洁、直观的方式来遍历集合或数组中的元素，使代码易读、易懂。

（2）遍历顺序：foreach 循环会按照集合或数组中元素的顺序依次进行遍历，无须手动维护索引或迭代器。

（3）不支持删除操作：在使用 foreach 循环时，不支持在循环过程中对集合或数组进行增、删操作，否则会抛出 ConcurrentModificationException 异常。

3）注意事项

在使用 foreach 循环时，需要注意以下几点。

（1）只能正向遍历：foreach 循环只能进行正向遍历，无法逆向遍历集合或数组中的元素。

（2）无法获取索引：在普通的 foreach 循环中，无法直接获取遍历元素的索引，如果需要获取索引，可以使用传统的 for 循环。

在实际开发中，foreach 循环可以帮助开发人员更加高效地处理集合和数组中的元素，减少冗余代码，提高代码的可维护性。然而，需要注意避免在 foreach 循环中对集合或数组进行增、删操作，否则会出现并发修改异常。

6. Set 接口

Set 接口和 List 接口都继承自 Collection 接口，它与 Collection 接口的使用方法基本一致。与 List 接口不同的是，Set 接口定义了一种不允许包含重复元素的集合，并且不保证元素的顺序。下面详细介绍 Set 接口的特点、常见实现类以及其主要方法。

Set 接口中的常用方法见表 7-4。

表 7-4　Set 接口中的常用方法

方法	描述
add(E e)	向集合中添加指定元素
remove(Object o)	从集合中移除指定元素
contains(Object o)	如果集合包含指定元素，则返回 true
size( )	返回集合中的元素数量
isEmpty( )	如果集合不包含元素，则返回 true
clear( )	从集合中移除所有元素
iterator( )	返回在集合中的元素上进行迭代的迭代器
addAll(Collection<? extends E>c)	将指定集合中的所有元素添加到此集合中
containsAll(Collection<? >c)	如果此集合包含指定集合的所有元素，则返回 true
removeAll(Collection<? >c)	从此集合中移除包含在指定集合中的所有元素
retainAll(Collection<? >c)	仅保留此集合中包含在指定集合中的元素
toArray( )	返回包含此集合中所有元素的数组
equals(Object o)	比较指定对象与集合是否相等
hashCode( )	返回集合的哈希码值

List 集合的两个主要实现类——HashSet 集合和 TreeSet 集合都可以调用这些方法操作集合元素。

1）HashSet 集合

HashSet 集合是 Set 接口的一个实现类，因此不允许集合中存在重复元素，且元素都是无序的。它基于哈希表实现，而哈希表结构的特点是查询速度非常快，这意味着对于增加、删除和查找元素来说，HashSet 集合提供了非常高效的操作。

HashSet 集合的特点如下。

（1）不允许重复元素：HashSet 集合不能包含重复元素，当尝试向 HashSet 集合中添加已经存在的元素时，不会被接受。

（2）无序集合：HashSet 集合不保证元素的顺序，元素的存储顺序可以随时间变化。

（3）基于哈希表：HashSet 集合内部基于哈希表实现，这使元素的存储和查找速度非常快。

（4）允许 null 元素：HashSet 集合允许存储一个 null 元素。

下面的示例代码展示了如何使用 HashSet 集合。

```java
import java.util.HashSet;
import java.util.Set;

public class HashSetExample {
    public static void main(String[] args) {
        //创建 HashSet 并添加元素
        Set fruits = newHashSet();
        fruits.add("apple");
        fruits.add("banana");
        fruits.add("orange");

        //遍历 HashSet 并打印元素
        for (Object fruit : fruits) {
            System.out.println((String) fruit);
        }

        //检查元素是否存在
        boolean exists = fruits.contains("apple");
        System.out.println("Exists: "+exists);

        //删除元素
        fruits.remove("banana");
        System.out.println("After removing banana:");
        for (Object fruit : fruits) {
            System.out.println((String) fruit);
        }

        //获取 HashSet 的大小
        int size = fruits.size();
        System.out.println("Size: "+size);

        //清空 HashSet
        fruits.clear();
        System.out.println("After clearing the set, size is: "+fruits.size());
    }
}
```

代码运行结果如图 7-8 所示。

```
banana
orange
apple
Exists: true
After removing banana:
orange
apple
Size: 2
After clearing the set, size is: 0

进程已结束，退出代码为 0
```

图 7-8　代码运行结果

在上述代码中，首先，创建一个 HashSet 集合 fruits，添加了一些水果名称，接着使用 foreach 循环遍历 HashSet 集合并打印每个元素；然后，使用 contains( ) 方法检查"apple"是否存在于 HashSet 集合中，并打印结果；接下来，使用 remove( ) 方法删除"banana"，并再次遍历并打印 HashSet 集合中的元素，通过调用 size( ) 方法，获取 HashSet 集合的大小并打印；最后，使用 clear( ) 方法清空 HashSet 集合，并再次获取其大小以验证是否已清空。

2）TreeSet 集合

TreeSet 集合存储的元素都是无序且不可重复的，为了对集合中的元素进行排序，Set 接口提供了一个可以对 HashSet 集合中的元素进行排序的类 TreeSet。

TreeSet 集合的特点如下。

（1）有序集合：TreeSet 集合中的元素是有序的，可以按照自然顺序或者自定义的比较器进行排序。

（2）不允许重复元素：与 HashSet 集合类似，TreeSet 集合也不允许包含重复元素。

（3）基于红黑树：TreeSet 集合内部基于红黑树实现，这使元素的增加、删除和查找操作具有较好的性能。

（4）提供导航方法：TreeSet 集合实现了 NavigableSet 接口，因此提供了许多导航方法，如 first( )、last( )、lower( )、higher( ) 等，用于寻找集合中的元素。

下面的示例代码展示了如何使用 TreeSet 集合。

```java
import java.util.Set;
import java.util.TreeSet;

public class TreeSetExample {
    public static void main(String[] args) {
        //创建 TreeSet 并添加元素
        Set treeSet = new TreeSet();
        treeSet.add("apple");
```

```
        treeSet.add("banana");
        treeSet.add("orange");

        //遍历 TreeSet 并打印元素
        for (Object fruit : treeSet) {
            System.out.println((String) fruit);
        }

        //使用导航方法
        Object first =((TreeSet) treeSet).first();
        Object last =((TreeSet) treeSet).last();
        Object lower =((TreeSet) treeSet).lower("banana");
        Object higher =((TreeSet) treeSet).higher("banana");

        System.out.println("First: "+(String) first);
        System.out.println("Last: "+(String) last);
        System.out.println("Lower than banana: "+(String) lower);
        System.out.println("Higher than banana: "+(String) higher);
    }
}
```

代码运行结果如图 7-9 所示。

```
apple
banana
orange
First: apple
Last: orange
Lower than banana: apple
Higher than banana: orange

进程已结束，退出代码为 0
```

图 7-9　代码运行结果

在上述代码中，首先，创建一个 TreeSet 集合 treeSet，添加一些水果名称，再使用 foreach 循环遍历 TreeSet 并打印每个元素；然后，使用导航方法 first( ) 和 last( ) 分别获取第一个和最后一个元素，并打印结果；最后，使用 lower( ) 方法找到 "banana" 的前一个元素，并使用 higher( ) 方法找到 "banana" 的后一个元素，并打印结果。

7. Map 接口

Map 接口是一种双列集合。它表示一种映射关系，将键映射到值。Map 接口中的键是唯一的，每个键最多只能映射到一个值。

Map 接口中的常用方法见表 7-5。

表7-5　Map 接口中的常用方法

方法	描述
put(K key，V value)	将指定的值与此映射中的指定键关联
get(Object key)	返回指定键所映射的值，如果此映射不包含该键的映射关系，则返回 null
remove(Object key)	从此映射中移除指定键的映射(如果存在)
containsKey(Object key)	如果此映射包含指定键的映射关系，则返回 true
containsValue(Object value)	如果此映射将一个或多个键映射到指定值，则返回 true
size( )	返回此映射中的键-值映射关系数
isEmpty( )	如果此映射不包含键-值映射关系，则返回 true
clear( )	从此映射中移除所有映射关系
keySet( )	返回此映射中包含的键的 Set 视图
values( )	返回此映射中包含的值的 Collection 视图
entrySet( )	返回此映射中包含的映射关系的 Set 视图
putAll(Map<? extends K，? extends V> m)	从指定映射中将所有映射关系复制到此映射中
replace(K key，V value)	只有在当前映射中包含指定键的映射关系时，才将指定键的值替换为新值

　　Map 接口的所有实现类（如 HashMap、TreeMap 和 LinkedHashMap）都可以使用 Map 接口定义的这些常用方法。这意味着无论是使用 HashMap、TreeMap 还是 LinkedHashMap，都可以使用相同的方法来操作和管理键值对。

　　Map 接口的整体框架如图 7-10 所示。

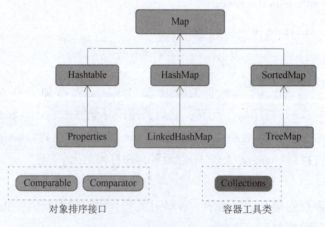

图 7-10　Map 接口的整体框架

1）HashMap 集合

HashMap 集合是 Map 接口的一个实现类，它以键值对的形式存储数据，并采用哈希表的数据结构实现。HashMap 集合不允许键重复，允许值重复，键如果相同，再添加会覆盖之前的值。

HashMap 集合的特点如下。

（1）键值对存储：HashMap 集合中的元素以键值对的形式存储，每个键对应一个值。

（2）键的唯一性：HashMap 集合中的键是唯一的，不允许有重复的键，但允许多个键对应相同的值。

（3）基于哈希表：HashMap 集合内部采用哈希表实现，这使它具有快速的查找、增加和删除操作。

（4）不保证顺序：HashMap 集合中的键值对是无序存储的，不保证元素的顺序。

下面的示例展示了如何使用 HashMap 集合。

```java
import java.util.HashMap;
import java.util.Map;

public class HashMapExample {
    public static void main(String[] args) {
        //创建 HashMap 并添加键值对
        Map populationMap=new HashMap();
        populationMap.put("A", 331);
        populationMap.put("B", 1441);
        populationMap.put("C", 1380);
        populationMap.put("D", 212);

        //通过键获取值
        int populationOfChina=(int) populationMap.get("B");
        System.out.println("Population of B: "+populationOfChina);

        //遍历 HashMap 并打印键值对
        for (Object entry : populationMap.entrySet()) {
            Map.Entry mapEntry=(Map.Entry)entry;
            System.out.println("Country: "+mapEntry.getKey()+", Population: "+
mapEntry.getValue());
        }

        //删除指定键的映射
        populationMap.remove("D");
        System.out.println("Population of D removed.");
```

```
// 遍历删除后的 HashMap
System.out.println("HashMap after removing D:");
for (Object entry : populationMap.entrySet()) {
    Map.Entry mapEntry = (Map.Entry)entry;
    System.out.println("Country: "+mapEntry.getKey()+", Population: "+
mapEntry.getValue());
    }
  }
}
```

代码运行的结果如图 7-11 所示。

```
D:\JDK17\bin\java.exe "-javaagent:D:\IDEA编译器\IntelliJ IDEA 2023.2\lib\ide
Population of B: 1441
Country: A, Population: 331
Country: B, Population: 1441
Country: C, Population: 1380
Country: D, Population: 212
Population of D removed.
HashMap after removing D:
Country: A, Population: 331
Country: B, Population: 1441
Country: C, Population: 1380

Process finished with exit code 0
```

图 7-11　代码运行结果

在上述代码中，首先，创建一个 HashMap 集合 populationMap，在其中增加了几个国家和其对应的人口数量；然后，使用 get("B") 方法获取 B 国的人口数量并打印，接着使用 foreach 循环遍历 HashMap 集合并打印每个键值对；最后，使用 remove("D") 方法删除了 D 国的人口数据，并打印删除后的 HashMap 集合。这个示例展示了 HashMap 集合的创建、增加、获取、删除以及遍历操作，说明了 HashMap 集合在实际应用中的基本用法。

2）TreeMap 集合

TreeMap 集合同样也是 Map 接口的一个实现类。它基于红黑树实现，能够保持元素的有序性。HashMap 集合存储的元素是无序且不可重复的，为了对 HashMap 集合中的元素进行排序，Map 接口提供了一个可以对 HashMap 集合中的元素进行排序的类 TreeMap。

TreeMap 集合的特点如下。

（1）有序存储：TreeMap 集合中的键值对是有序存储的，可以根据键的自然顺序或者通过自定义的比较器进行排序。

（2）键的唯一性：TreeMap 集合中的键是唯一的，不允许包含重复的键，但允许多个键对应相同的值。

（3）基于红黑树：TreeMap 集合内部采用红黑树实现，这使它能够在短时间内完成查找、增加和删除操作。

（4）性能稳定：由于红黑树的平衡性，TreeMap 集合能够保持稳定的性能，适用于大规模数据的存储和操作。

下面的示例展示了如何使用 TreeMap 集合。

```java
import java.util.Map;
import java.util.TreeMap;

public class TreeMapExample {
    public static void main(String[] args) {
        // 创建 TreeMap 并添加元素
        Map treeMap = new TreeMap();
        treeMap.put("John", 25);
        treeMap.put("Alice", 30);
        treeMap.put("Bob", 28);

        // 输出年龄大于等于28的人的信息
        System.out.println("People aged 28 and older:");
        for (Object entry : treeMap.entrySet()) {
            Map.Entry mapEntry = (Map.Entry) entry;
            if ((int)mapEntry.getValue() >= 28) {
                System.out.println("Name: "+mapEntry.getKey()+", Age: "+mapEntry.getValue());
            }
        }

        // 更新 Bob 的年龄
        treeMap.put("Bob", 29);

        // 输出更新后的信息
        System.out.println("Updated age for Bob:");
        for (Object entry : treeMap.entrySet()) {
            Map.Entry mapEntry = (Map.Entry) entry;
            System.out.println("Name: "+mapEntry.getKey()+", Age: "+mapEntry.getValue());
        }
    }
}
```

代码运行结果如图 7-12 所示。

```
People aged 28 and older:
Name: Alice, Age: 30
Name: Bob, Age: 28
Updated age for Bob:
Name: Alice, Age: 30
Name: Bob, Age: 29
Name: John, Age: 25


进程已结束，退出代码为 0
```

图 7-12 代码运行结果

在上述代码中，首先，创建一个 TreeMap 集合并在其中增加了几个人的姓名和年龄；然后，遍历 TreeMap 集合并输出年龄大于等于 28 的人的信息；最后，更新 Bob 的年龄，并再次输出更新后的信息。

这个示例演示了如何使用 TreeMap 集合存储键值对，并且通过遍历和更新的操作展示了 TreeMap 集合的基本用法。

8. 泛型

在 Java 中，泛型是一种用于定义类、接口和方法的类型参数化的机制。使用泛型可以让类或方法在声明时不指定具体的类型，而在实际使用时再指定具体的类型。泛型使代码更加灵活、可重用，并提高了类型安全性。

泛型的优势如下。

（1）类型安全：使用泛型可以在编译时发现类型错误，避免在代码运行时出现类型转换异常。

（2）代码重用：可以编写更通用的类和方法，增加代码的重用性。

（3）减少类型强制转换：在使用泛型之后，不再需要进行类型强制转换，代码更加简洁清晰。

1）泛型的基本语法格式

（1）类泛型。

在 Java 中，类泛型是指在类的声明中使用类型参数，以便在实际使用时指定具体的类型。类泛型使类在编写时可以设计成通用的，而在实际使用时可以针对不同的数据类型进行具体化。

①基本语法格式。

类泛型的基本语法格式如下。

```java
public class Box<T> {
    private T content;
```

```
    public T getContent() {
        return content;
    }
    public void setContent(T content) {
        this.content=content;
    }
}
```

其中，T 是类型参数，可以在类中的任何位置使用。在创建 Box 类的实例时，可以指定具体的类型来替换 T，例如 Box<Integer>或者 Box<String>。

②实际应用。

使用类泛型可以创建通用的数据结构，例如集合类、栈、队列等。Java 标准库中的 ArrayList 和 HashMap 就是使用了类泛型的典型例子。

ArrayList：ArrayList<E> 是 Java 中常用的动态数组实现。它通过泛型 E 来表示其元素的类型，这使开发人员可以在编译时指定 ArrayList 所持有元素的类型，从而避免在运行时进行类型转换。例如，ArrayList<String>表示其元素类型为 String，ArrayList<Integer>表示其元素类型为 Integer，依此类推。

HashMap：HashMap<K, V> 是 Java 中用于存储键值对的集合。它通过泛型 K 和 V 来表示键和值的类型，这使开发人员可以在编译时指定 HashMap 所持有键和值的类型。例如，HashMap<String, Integer>表示键为 String 类型，值为 Integer 类型的键值对集合，HashMap<Integer, String>表示键为 Integer 类型，值为 String 类型的键值对集合，依此类推。

（2）方法泛型。

在 Java 中，方法泛型是指在方法声明时使用泛型类型参数，以便在方法中处理不特定的数据类型。方法泛型使方法能够独立于特定的数据类型，并且提供了更大的灵活性和可重用性。

①基本语法格式。

方法泛型的基本语法格式如下。

```
public <T> T doSomething(T value) {
    //在方法中使用泛型
    return value;
}
```

其中，<T>在方法返回类型之前表示该方法是一个泛型方法，T 是类型参数，表示这个方法可以接受任意类型的参数。

②方法泛型的调用。

示例代码如下。

```
String result1=doSomething("Hello");
Integer result2=doSomething(123);
```

在上述示例中，doSomething()方法使用了泛型类型参数 T，并且可以接收不同类型的参数。在调用时，可以传入不同类型的参数，并且会根据传入的参数类型返回相应的结果。

③方法泛型与类泛型的区别。

方法泛型是在方法中定义泛型类型参数，而类泛型是在类的声明中定义泛型类型参数。方法泛型可以独立于其所在的类使用，而类泛型中的泛型类型参数对整个类中的方法都是可见的。

④实际应用。

方法泛型广泛应用于 Java 标准库中，例如 Collections 类中的 sort()方法就是一个泛型方法，它可以对任意类型的集合进行排序。示例代码如下。

```java
import java.util.ArrayList;
import java.util.Collections;

public class SortExample {
    public static void main(String[] args) {
        ArrayList<Integer> numbers=new ArrayList<>();
        numbers.add(5);
        numbers.add(2);
        numbers.add(8);

        System.out.println("Before sorting: "+numbers);

        Collections.sort(numbers);

        System.out.println("After sorting: "+numbers);
    }
}
```

在上述示例中，首先，创建一个 ArrayList 存储整数；然后，使用 Collections 类中的 sort()方法对该列表进行排序。由于 sort()方法是一个泛型方法，所以它可以根据元素的类型进行排序，而无须为每种类型编写不同的排序方法。

2）通配符

在 Java 中，通配符是一种特殊的类型参数，用于表示未知类型。通配符在泛型中扮演了重要的角色，允许处理不特定类型的数据，提高了代码的灵活性和通用性。

（1）基本语法格式。

通配符使用 "?" 来表示未知类型。它可以应用在泛型类型的声明和实例化中。其基本语法格式如下。

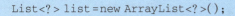

```
List<?> list=new ArrayList<?>();
```

其中，List<?>表示一个未知类型的列表，ArrayList<?>表示一个未知类型的 ArrayList 实例。

（2）通配符的用途。

①创建不确定类型的集合：通配符可以创建能够存储任意类型对象的集合。

②作为方法参数：通配符可以定义接受任意类型的集合作为参数的方法。

（3）通配符的限制。

通配符虽然能够接收任意类型，但对于带通配符的集合，只能对其进行读取操作，不能对其进行写入操作。这是为了保证类型安全，避免混合不同类型的数据到同一个集合中。示例代码如下。

```
List<?> list=new ArrayList<>();
Object obj=list.get(0);//合法的读取操作
list.add("Hello");//非法的写入操作,会导致编译错误
```

（4）上限通配符。

上限通配符使用形式为"? extends T"，其中 T 是某个类的名称。上限通配符表示所指定的类型是 T 或 T 的子类。这样做的好处是可以对泛型类型进行限定，使泛型类型只能是指定类及其子类。示例代码如下。

```
public void processList(List<? extends Number> list) {
    //在这里可以安全地使用 list 中的元素,因为它们是 Number 类型或 Number 的子类
}
```

在上述示例代码中，List<? extends Number> 表示该方法可以接收任何类型的 List，只要这些类型是 Number 的子类即可。这样就可以确保在方法内部对 list 中的元素进行安全的操作。

（5）下限通配符。

下限通配符使用形式为"? super T"，其中 T 是某个类的名称。下限通配符表示所指定的类型是 T 或 T 的超类。这样做的好处是可以确保泛型类型为某个特定类或其父类，从而使操作更加灵活。示例代码如下。

```
public void addNumbers(List<? super Integer> list) {
    list.add(10);
    list.add(20);
}
```

在上述示例代码中，List<? super Integer> 表示该方法可以接收任何类型的 List，只要这些类型是 Integer 的父类即可。这样就可以确保能够向 list 中添加 Integer 类型或 Integer 的子类的元素。

【项目小结】

本项目详细介绍了 Java 的常用集合类，首先介绍了集合的概念和 Cellection 接口；其次介绍了 List 接口（包括 ArrayList 集合、LinkedList 集合）、Iterator 接口和 foreach 循环；接着介绍了 Set 接口，包括 HashMap 集合和 TreeMap 集合；最后介绍了泛型，包括类泛型、方法泛型、通配符和限定泛型。

【技能强化】

一、选择题

1. 下列哪种集合类实现了 Map 接口？（　　　）

A. ArrayList   B. HashSet   C. HashMap   D. LinkedList

2. 下列哪个符号用于声明泛型类或方法？（　　　）

A. *   B. !   C. ?   D. <>

3. 下列哪种通配符表示元素类型是某个类或其子类？（　　　）

A. <T>   B. <? super T>

C. <? extends T>   D. <T extends Comparable>

4. 下列哪种集合类可以自动进行元素排序？（　　　）

A. ArrayList   B. HashSet   C. TreeMap   D. HashMap

5. 在泛型类或方法中，T 代表（　　　）。

A. Type   B. Total   C. Target   D. Test

二、填空题

1. ArrayList 集合和 LinkedList 集合都实现了_____接口。

2. 下限通配符使用的符号是 _____。

3. HashSet 集合中元素的排列顺序是_____。

4. 在 Java 中，可以使用_____关键字定义泛型类。

5. 使用泛型的好处之一是可以在编译时_____类型错误。

三、编程题

1. 编写一个泛型方法 printArray，用于打印任何类型数组的元素。

2. 编写一个泛型类 Pair，表示一对具有不同类型的值。

3. 编写一个泛型方法 countGreaterThan，接收一个泛型数组和一个泛型元素，并返回数组中大于该元素的个数。

4. 编写一个方法 copyList，接收两个 List 类型的参数，将第一个 List 中的元素复制到第二个 List 中。

5. 编写一个泛型类 Box，表示一个可以存储任何类型值的盒子。

项目 8

实现好友信息管理系统（一）

【项目导入】

本项目讲解 Java 数据库连接的详细步骤，包括加载数据库驱动、获得数据库连接、通过数据库连接创建 Statement 对象、使用 Statement 对象执行 SQL 语句和操作查询结果集。目前，开发企业级应用软件、网站或系统时，都必须将数据信息保存在数据库中。本项目主要中使用 JDBC 技术操作数据库。只有熟练掌握该技术，才能在后续课程中更深入地学习企业级持久层技术。

【项目目标】

（1）掌握 JDBC 基本参数。
（2）掌握 JDBC 数据操作。
（3）理解 JDBC 封装工具类。
（4）独立完成好友信息管理系统基础操作。

【素质目标】

（1）在设计数据库操作代码中培养精益求精的工匠精神。
（2）在信息管理中培养遵纪守法意识。

任务 1　JDBC 数据库操作

8.1.1　JDBC 概述

JDBC 的全称是 Java Database Connectivity，称为 Java 数据库连接。它是一种可以执行 SQL 语句的 Java API。Java 程序可通过 JDBC 接口连接到数据库，并使用结构化查询语句实现对数据库的查询、更新等操作。

JDBC 为数据库开发提供了标准的接口，因此使用 JDBC 开发的数据库应用程序可以跨平台运行，JDBC 可以支持多种数据库。换言之，如果使用 JDBC 开发一个数据库应用程序，则该数据库应用程序既可以在 Windows 平台上运行，也可以在 UNIX 等其他平台上运行；既可以使用 MySQL 数据库，也可以使用 Oracle 等数据库，而且程序无须进行任何修改。

8.1.2 JDBC 连接数据库

1. JDBC 简介

JDBC 是一种可用于执行 SQL 语句的 Java API。它由一些 Java 语言编写的类、界面组成。JDBC 给数据库应用程序开发人员、数据库前台工具开发人员提供了标准的接口，使开发人员可以使用纯 Java 语言编写完整的数据库应用程序。

通过使用 JDBC，开发人员可以很方便地将 SQL 语句传送给几乎任何一种数据库。也就是说，开发人员可以不必编写一个程序访问 Sybase，编写另一个程序访问 Oracle，再编写一个程序访问 SQLServer。使用 JDBC 编写的程序能够自动地将 SQL 语句传送给相应的数据库管理系统（DBMS），从而极大地简化了开发人员使用 Java 语言对数据库的操作。

Java 程序具有跨平台性，它们都采用相似的结构。因为它们需要在不同的平台上运行，所以它们需要中间的转换程序（为了实现 Java 程序的跨平台性，Java 为不同的操作系统提供了不同的 Java 虚拟机）。

JDBC 驱动示意如图 8-1 所示。

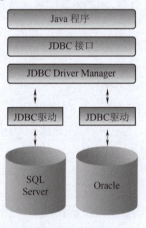

图 8-1　JDBC 驱动示意

只有通过 JDBC 驱动的转换，才能保证使用相同 JDBC 接口编写的程序在不同的数据库系统中稳定地执行。

2. JDBC 常用类和接口简介

JDBC 提供了独立于数据库的统一接口，用于帮助用户建立与数据库的连接、执行 SQL 语句和检索结果集等。开发人员可以利用 JDBC 接口开发数据库应用程序。JDBC 的主要类和接口见表 8-1。

表 8-1　JDBC 的主要类和接口

类和接口	功能描述
java.sql.DriverManager	管理 JDBC 驱动程序，使用它可以获取 Connection 对象
java.sql.Connection	建立与特定数据库的连接（会话），建立后可以执行 SQL 语句

续表

类和接口	功能描述
java. sql. Statement	用于执行 SQL 语句
java. sql. PreparedStatement	预编译的 Statement，它是 Statement 的子接口
java. sql. CallableStatement	用于执行存储过程的 Statement，它是 Statement 的子接口
java. sql. ResultSet	结果集对象，该对象包含访问查询结果的方法，Result 可以通过索引或列名获得列数据

3. JDBC 编程步骤

JDBC 编程步骤如下。

1）加载数据库驱动

在加载数据库驱动前，需要将数据库驱动文件（".jar"文件）指定至 classpath 路径下。本项目以 MySQL 数据库为例。本项目使用的 MySQL 数据库驱动文件为"mysql-connector-java-5.1.34-bin.jar"，将"mysql-connector-java-5.1.34-bin.jar"文件指定至 classpath 路径的操作过程如图 8-2 所示。

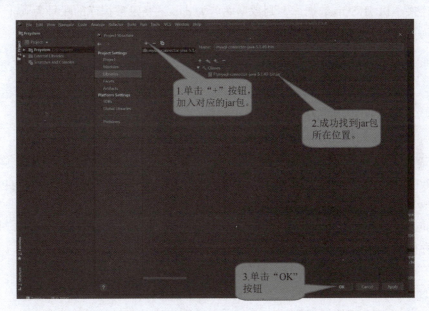

图 8-2　将数据库驱动文件指定至 classpath 路径下

知识加油站

MySQL 驱动包（jar 包）是一个 Java 程序库，用于连接 Java 程序和 MySQL 数据库。它允许 Java 程序与 MySQL 数据库进行通信，从而实现数据的读取和写入。MySQL 驱动包由 MySQL 官方提供，并且免费提供下载。

2）测试驱动

数据库驱动文件导入成功后，即可加载数据库驱动。常用的加载数据库驱动的方式是使用 Class 类的 forName() 静态方法。加载数据库驱动示例代码如下。

```
Class.forName("com.mysql.jdbc.Driver");
```

3）获取数据库连接

通过 DriverManager 类获取数据库连接 Connection 实例，代码如下。

```
Connection conn=DriverManager.getConnection(URL, USER, PASSWORD)
```

使用 DriverManager 类获取数据库连接时，需要传入以下 3 个参数。

（1）连接数据库的 URL。

（2）登录数据库的账号 USER。

（3）登录数据库的密码 PASSWORD。

连接数据库的 URL 遵循如下格式。

```
Jdbc:msyql://hostname:port:dataname
```

如果连接本机 MySQL 数据库，则数据库名为 data，登录数据库的账号为 root，登录数据库的密码为 root，代码如下。

```
DriverManager.getConnection("jdbc:mysql:///localhost:3306/Frdb","root","root");
```

4）通过 Connection 实例获取 Statement 对象

Connection 对象创建 Statement 实例有 3 种方法。

（1）createStatement()：创建基本的 Statement 对象。

（2）prepareStatement（String sql）：根据传入的 SQL 语句，创建预编译的 Statement 类的子对象 PreparedStatement。

（3）prepareCall（String sql）：根据传入的 SQL 语句，创建 CallableStatement 对象，该对象可执行存储过程。

5）使用 Statement 对象执行 SQL 语句

所有的 Statement 对象都有如下 3 个方法，用于执行 SQL 语句。

（1）execute()：可执行任何 SQL 语句，但操作烦琐，一般不推荐使用。

（2）executeUpdate()：主要执行 DML 语句，如对数据库的表的增加、修改和删除操作。

（3）executeQuery()：只能执行查询语句，执行后返回代表查询结果的 Result 对象。

6）处理 ResultRest 结果集

如果执行的 SQL 语句是查询语句，则执行结果将返回一个 ResultSet 对象，该对象保存了 SQL 语句的查询结果。Java 程序可以通过操作该 Result 对象获取查询结果。

7）回收数据库资源

回收数据库资源包括回收 ResultSet、Statement 和 Connection 资源。

4. 使用 JDBC 连接数据库的具体实现

使用 JDBC 连接数据库的代码如下。

```java
public class DbConnection {
//驱动类的类名
private static final String DRIVERNAME = "com.mysql.jdbc.Driver";
//连接数据库的 URL 路径
private static final String URL = "jdbc:mysql://localhost:3306/data";
//登录数据库的账号
private static final String USER = "root";
//登录数据库的密码
private static final String PASSWORD = "root";
//1.加载驱动,驱动仅需加载一次即可
static{
    try {
        Class.forName(DRIVERNAME);
    } catch (ClassNotFoundException e) {
        e.printStackTrace();
    }
}
//2.获取数据库连接
public static Connection getConnection()  {
    Connection conn = null;
    try {
        return conn = DriverManager.getConnection(URL, USER, PASSWORD);
    } catch (SQLException e) {
        e.printStackTrace();
    }
    return conn;
}
    public static void main(String[] args) {
        Connection conn = DbConnection.getConnection();
        System.out.println("数据库连接 = " + conn);
    }
}
```

运行上述代码，没有出现任何异常，在控制台显示 Connection 对象的内存地址，说明成功获取了 Connection 对象，如图 8-3 所示。

图 8-3　成功连接至数据库

任务 2　实现好友管理系统

【项目介绍】

在日常生活中，人们会接触很多好友的信息。人们通常使用好友管理软件来存储和管理好友信息。本项目设计的系统主要用来对好友进行存储和管理。好友管理系统功能结构如图 8-4 所示。

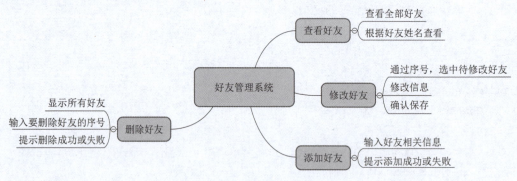

图 8-4　好友管理系统功能结构

8.2.1　好友管理系统数据库设计

1. 用户信息表（userinfo）

用户信息表（userinfo）见表 8-2。

表 8-2　用户信息表（userinfo）

列名	含义	数据类型	长度	是否允许空	备注
id	序号	int	—	否	主键，自动增长
userName	用户名	varchar	50	否	—
userPwd	密码	varchar	20	否	—

2. 好友信息表（friendsinfo）

好友信息表（friendsinfo）见表 8-3。

表 8-3　好友信息表（friendsinfo）

列名	含义	数据类型	长度	是否允许空	备注
f_id	序号	int	—	否	主键，自动增长
f_name	好友姓名	varchar	50	否	—
f_sex	好友性别	varchar	2	否	—
f_address	好友地址	varchar	100	否	—
f_tel	好友电话	varchar	11	否	—

8.2.2　PreparedStatement 执行 DML 语句

1. PreparedStatement 接口说明

PreparedStatement 接口继承自 Statement 接口，其使用更为灵活高效，此外该接口还提供了比 Statement 接口更为安全的预处理功能，此功能可以有效防止 SQL 注入。该接口实例包含已编译的、具有输入参数的 SQL 语句。在 SQL 语句中输入参数的值，创建时未被指定，而是保留问号"?"作为占位符。例如：

```
PreparedStatement pst =conn.prepareStatement("update Emp set name =?,address =?
,phone =?,Where no =?");
```

为输入参数赋值时使用 setXxx(index，value) 方法，其中 Xxx 为参数数据类型，index 为参数编号，value 为参数值。例如：

```
pst.setString(1,"李雷");
pst.setString(2,"中国上海");
pst.setInt(3,17710398436);
pst.setString(4,"EMP-001" );
```

2. 好友管理系统登录功能说明

1）创建 User 用户类

该类与数据库中的 userinfo 表进行匹配，userinfo 表中的字段与 User 类中的属性一一匹配，参考代码如下。

```
public class User {
    private int id;  //用户编号
    private String userName;  //用户姓名
    private  String pwd;   //用户密码
    public int getId() {
```

```
        return id;
    }
    public void setId( int id) {
        this.id=id;
    }
    public String getUserName() {
        return userName;
    }
    public void setUserName( String userName) {
        this.userName=userName;
    }
    public String getPwd() {
        return pwd;
    }
    public void setPwd( String pwd) {
        this.pwd=pwd;
    }
}
```

2）创建 DBHelper 封装类

对数据库进行操作时需要建立与数据库的连接、关闭对象和连接。因此，在实际应用中为了便于管理、实现代码复用，应建立专门的自定义类来实现建立与数据库的连接、关闭对象和连接的操作。

将建立与数据库的连接、关闭对象和连接的操作封装成工具类 DBHelper，DBHelper 类的参考代码如下。

```java
public class DBHelper {
    // 驱动类的类名
    private static final String DRIVERNAME="com.mysql.jdbc.Driver";
    // 连接数据库的 URL
    private static final String URL="jdbc:mysql://localhost:3306/frdb";
    // 登录数据库的账号
    private static final String USER="root";
    // 登录数据库的密码
    private static final String PASSWORD="root";
    //1. 加载驱动,仅需加载一次即可
    static{
        try {
            Class.forName(DRIVERNAME);
        } catch (ClassNotFoundException e) {
```

```
            e.printStackTrace();
        }
    }

    //获取数据库连接
    public static Connection getConnection() throws Exception {
        try {
            return DriverManager.getConnection(URL, USER,PASSWORD);
        } catch (SQLException e) {
            e.printStackTrace();
            throw new Exception();
        }
    }
    //关闭连接
    public  static  void colse(ResultSet rs, Statement stat, Connection  conn)
throws Exception{
        try {
            if (rs！=null) {//判断结果集是否为 null
                rs.close();
            }
            if (stat！=null) {//判断 Statement 对象是否为 null
                stat.cancel();
            }
            if (conn！=null) {//判断数据库连接对象是否为 null
                conn.close();
            }
        } catch (Exception e) {
            e.printStackTrace();
            throw new Exception();
        }
    }
}
```

8.2.3　实现好友管理系统登录功能

1. ResultSet 对象

通过调用 PreparedStatement 对象的 executeQuery（）方法，可执行查询操作。使用 PreparedStatement 对象执行查询操作，与使用 DML 语句的不同之处在于执行查询操作后，可能需要显示与查询条件匹配的数据库中的记录。executeQuery（）方法的返回值为 ResultSet 对象，该对象保存了 SQL 语句查询的结果。

JDBC 使用 ResultSet 封装查询到的结果，然后通过 ResultSet 记录的指针来获取 Result 结果集中的内容。

ResultSet 类的常用方法见表 8-4。

表 8-4　ResultSet 类的常用方法

方法	说明
boolean next( )	判断 Result 结果集中是否还有数据，如果有则返回 true，如果没有则返回 false
String getString(Stirng columnName)	按照查询表的列名，获取该列所对应的列值
String getString(int columnIndex)	按照查询表的列的序号，获取该列所对应的列值

2. 登录好友管理系统

通过连接数据库实现用户登录功能，参考代码如下。

```
Scanner sc=new Scanner(System.in);
        System.out.println("＊＊＊＊＊好友管理系统＊＊＊＊＊");
        System.out.println("＊＊＊＊＊＊＊欢迎使用＊＊＊＊＊＊＊＊");
        System.out.println("＊＊＊＊＊＊＊＊＊请先登录＊＊＊＊＊＊＊＊");
        User us=new User();
        System.out.println("请输入用户名");
        us.setUserName(sc.next());
        System.out.println("请输入密码");
        us.setPwd(sc.next());
        //1.创建相关对象
        Connection con=null;
        PreparedStatement sta=null;
        ResultSet rst=null;
        //2.编写 SQL 语句
        String sql="select * from  userinfo  where userinfo.userName=?  and
userinfo.userPwd=?";
        try{
            con=DBHelper.getConnection();
            sta=con.prepareStatement(sql);
            sta.setString(1,us.getUserName());
            sta.setString(2,us.getPwd());
            rst=sta.executeQuery();
            if(rst.next())
            {
                System.out.println("用户:"+us.getUserName()+"你好");
            }else
```

```
                {
                    System.out.println("用户名或密码错误");
                }
        } catch (Exception e) {
            e.printStackTrace();
        } finally {
            try {
                DBHelper.colse(rst,sta,con);
            } catch (Exception e)
            {
                e.printStackTrace();
            }
        }
```

代码运行结果如图 8-5 所示。

```
"D:\JetBrains\IntelliJ IDEA 2019.3.3\jbr\bin\java.exe" "-javaagent:D:\JetBrains\IntelliJ IDEA 2019.3.3\lib\idea_rt.jar=64099
*****好友管理系统*****
*******欢迎使用*******
*******请先登录*******
请输入用户名
admin
请输入密码
123456
Sun Nov 26 21:51:20 CST 2023 WARN: Establishing SSL connection without server's identity verification is not recommended. Ac
用户: admin你好

Process finished with exit code 0
```

图 8-5　代码运行结果

3. 登录成功后显示所有好友

登录成功后，从数据库调出所有好友进行显示，参考代码如下。

```
    ......代码省略
if (rst.next())
        {
                System.out.println("用户:"+us.getUserName()+"你好");
                System.out.println("您的好友如下:");
                String sql2 = "SELECT * FROM friendsinfo";
                sta=con.prepareStatement(sql2);
                rst=sta.executeQuery();
                System.out.println("编号 \t"+"姓名 \t"+"性别 \t"+"地址 \t"+"
电话");
                while (rst.next())
```

```
                              {
                                  System.out.print(rst.getInt("f_id")+"\t");
                                  System.out.print(rst.getString("f_name")+"\t");
                                  System.out.print(rst.getString("f_sex")+"\t");
                                  System.out.print(rst.getString("f_address")+"\t");
                                  System.out.println(rst.getString("f_tel"));
                              }
                      }else
                      {
                              System.out.println("用户名或密码错误");
                      }
//... 代码省略
```

代码运行结果如图 8-6 所示。

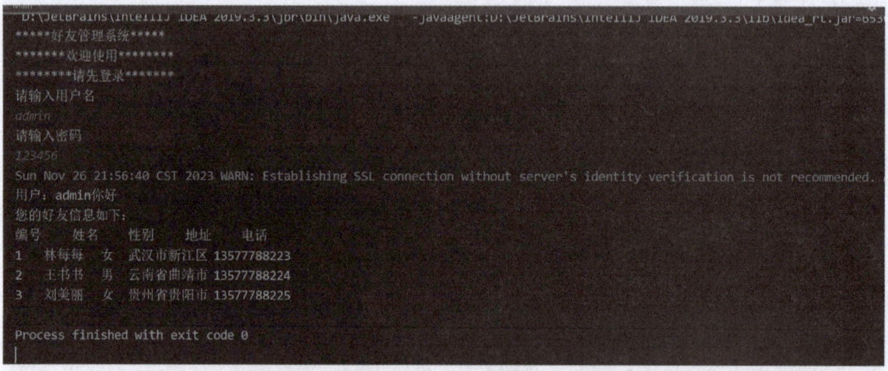

图 8-6 代码运行结果

【项目小结】

本项目首先介绍了 JDBC。JDBC 的全称是 Java Database Connectivity，即 Java 数据库连接，它是一种可以执行 SQL 语句的 Java API。Java 程序可通过 JDBC 接口连接到数据库，并使用结构查询语句实现对数据库的查询、更新等操作。与其他数据库编程环境相比，JDBC 为数据库开发提供了标准的接口，因此使用 JDBC 开发的数据库应用程序可以跨平台运行，且可以跨数据库运行。JDBC 提供的接口相对比较灵活。

【技能强化】

一、填空题

1. JDBC 的全称是_____，即 Java 数据库连接，它是一种可以执行 SQL 语句的_____。

2. 使用 DriverManager 获取数据库连接时，需要传入 3 个参数，这 3 个参数依次代表

_____、_____和_____。

3. _____是 Statement 接口的子接口，该接口不但继承了 Statement 接口的所有的功能，还提供了_____功能，此功能可以有效地防止_____。

4. executeQuery( )方法的返回值为_____对象，该对象保存了 SQL 语句查询的结果。Java 程序可以通过操作该对象获取查询结果。

5. executeUpdate( )主要执行_____语句，如对数据库的表的增加、修改、删除操作。executeQuery( )只能执行_____语句，执行后返回代表查询结果的 Result 对象。

二、判断题

1. 无驱动也可以完成数据库连接。　　　　　　　　　　　　　（　　）

2. JDBC 提供接口，驱动是接口的实现。　　　　　　　　　　（　　）

3. PreparedStatement 主要执行参数化操作。　　　　　　　　（　　）

4. JDBC 只能连接一种数据库。　　　　　　　　　　　　　　（　　）

5. JDBC 中 ResultSet 对象是一个只读对象。　　　　　　　　（　　）

三、选择题

1. JDBC 驱动程序有（　　）种类型。

A. 2 种　　　　　　　　B. 3 种　　　　　　　　C. 4 种　　　　　　　　D. 5 种

2. RowSet 接口实现了（　　）接口。

A. Statement　　　　　B. ResultSet　　　　　C. update　　　　　　D. populate

3. （　　）不是 JDBC 中的接口和类。

A. System　　　　　　B. Class　　　　　　　C. Connection　　　　D. ResultSet

4. 使用 Connection 的哪个方法可以建立一个 PreparedStatement 接口？（　　）

A. createPrepareStatement( )　　　　　　B. prepareStatement( )

C. createPreparedStatement( )　　　　　　D. preparedStatement( )

5. 下列描述中正确的是（　　）。

A. PreparedStatement 接口继承自 Statement 接口

B. Statement 接口继承自 PreparedStatement 接口

C. ResultSet 接口继承自 Statement 接口

D. CallableStatement 接口继承自 PreparedStatement 接口

四、简答题

1. 使用 JDBC 进行开发的步骤有哪些？

2. 简述 PreparedStatement 接口的特点。

五、编程题

在完成的基础上添加根据好友姓名搜索功能。

项目 9

实现好友管理系统（二）

【项目导入】

本项目主要实现好友管理系统的添加好友、查看好友功能。掌握 Java 面向对象编程的基本原理和技巧，掌握 JDBC 的基本使用，从而能够更好地进行软件开发和设计。

【项目目标】

（1）实现好友管理系统的查看好友功能。

（2）实现好友管理系统的添加好友功能。

（3）掌握 JDBC 的基本使用。

【素质目标】

（1）引导学生积极参与社会实践，为社会做出贡献。

（2）引导学生树立正确的人生观和价值观。

任务 1 实现好友管理系统的查看好友功能

9.1.1 设计好友信息表

【需求分析】

在编写代码实现好友管理系统前，需要先设计对应的数据库表。

【需求难点】

（1）进行合理的表字段设计，满足系统的业务需求，并且无冗余字段。

（2）进行合理的字段类型设计，提高数据库的性能。

【步骤】

（1）设计表字段。

好友信息表（friendsinfo）见表 9-1。

表 9-1　好友信息表（friendsinfo）

字段名	类型	注释
f_id	int	唯一索引 ID，主键
f_name	varchar（50）	好友名
f_sex	varchar（2）	性别
f_address	varchar（100）	地址
f_tel	varchar（11）	手机号

（2）执行建表语句，如下所示。

```
CREATE TABLE 'friendsinfo'  (
  'f_id' int NOT NULL AUTO_INCREMENT,
  'f_name' varchar(50),
  'f_sex' varchar(2),
  'f_address' varchar(100),
  'f_tel' varchar(11),
  PRIMARY KEY ('f_id') USING BTREE
)
```

9.1.2　编写好友信息实体类

【需求分析】

后续本系统和数据库进行数据传输，需要编写数据库表对应的实体类。

【需求难点】

数据库表字段和实体类字段的类型对应关系。

【步骤】

（1）在 com. company. entity 包中创建好友信息类，参考代码如下。

```
public class Friend{
    String name;    //好友姓名
    String sex;     //好友性别
    String address; //好友地址
    String tel;     //好友手机号
}
```

（2）在类中单击鼠标右键，选择"Generate"命令，如图 9-1 所示。

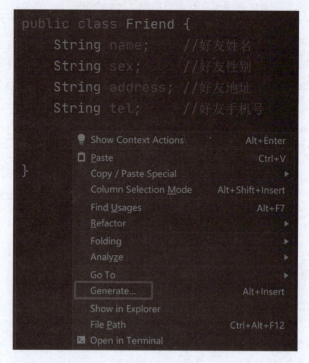

图 9-1　选择"Generate"命令

（3）选择"Getter and Setter"命令生成 getter 和 setter 方法，如图 9-2 所示。

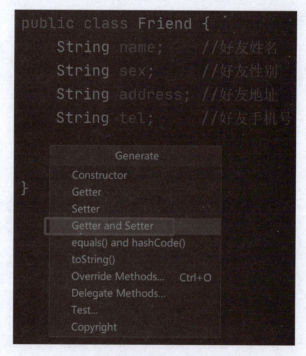

图 9-2　生成 getter 和 setter 方法

9.1.3　添加好友管理菜单

【需求分析】

项目 8 完成了好友管理系统的登录功能，接下来需要进行好友管理系统的开发，首先需要添加好友管理菜单。

【需求难点】

对用户的操作处理完成后，重新显示主菜单。

【步骤】

整个程序在用户手动终止前都不应该退出，因此需要将好友管理菜单的显示放入无限循环，当用户输入对应的操作指令时，执行对应的管理功能，对好友信息进行管理。在 Main.java 显示完好友信息后，在第 52 行增加如下代码。

```java
while(true){
    System.out.println("1、添加好友信息");
    System.out.println("2、查看好友信息");
    System.out.println("3、修改好友信息");
    System.out.println("4、删除好友信息");
    System.out.println("5、退出系统");
    System.out.print("请输入要执行的操作[1-4]:");


    String cmd=sc.next();
    if("1".equals(cmd)){
        //添加好友信息
        FriendUtil.add();
    }else if("2".equals(cmd)){
        //显示所有好友信息
        FriendUtil.show();
    }else if("3".equals(cmd)){
        //todo 修改好友信息
    }else if("4".equals(cmd)){
        //todo 删除好友信息
    }else if("5".equals(cmd)){
        break;
    }else{
        System.out.println("您的输入有误,请重新输入!!!");
    }
}
```

如上代码要加入 main( )方法，当显示完好友信息后，就执行以上代码，显示好友管理菜单，如图 9-3 所示。

图 9-3　好友管理菜单

接下来需要去分别完善 FriendUtil 类的 add( )和 show( )方法来添加和显示好友信息。

9.1.4　实现查看好友功能

【需求分析】

当用户输入操作指令 2 时，需要显示当前用户的所有好友信息。

【需求难点】

（1）好友信息的格式化显示。

（2）SQL 查询语句的编写。

【步骤】

在 com. company. util 包中新增 FriendUtil 类，在该类中编写如下静态方法以显示当前好友管理系统中的所有好友信息。

```
public static void show() {
    Connection  con=null;
    PreparedStatement sta=null;
    ResultSet rst=null;
    try {
        con=DBHelper.getConnection();
        System.out.println("您的好友信息如下:");
        String sql2="SELECT * FROM friendsinfo";
```

```
            sta=con.prepareStatement(sql2);
            rst=sta.executeQuery();
            System.out.println("编号 \t"+"姓名 \t"+"性别 \t"+"地址 \t"+"电话");
            while(rst.next())
            {
                System.out.print(rst.getInt("f_id")+"\t");
                System.out.print(rst.getString("f_name")+"\t");
                System.out.print(rst.getString("f_sex")+"\t");
                System.out.print(rst.getString("f_address")+"\t");
                System.out.println(rst.getString("f_tel"));
            }
    }catch(Exception e){
            e.printStackTrace();
    }finally{
            try{
                DBHelper.colse(rst,sta,con);
            }catch(Exception e)
            {
                e.printStackTrace();
            }
    }
}
```

代码运行结果如图 9-4 所示。

图 9-4 查看好友信息

任务 2 实现好友管理系统的添加好友功能

9.2.1 在 FriendUtil 工具类中添加 add( ) 静态方法

【需求分析】

当用户输入操作指令 1 时，需要给当前用户录入好友信息。

【需求难点】

（1）好友信息填充到 SQL 语句中的方法。

（2）添加好友 SQL 语句的编写。

【步骤】

add( )静态方法首先从控制台读取用户输入的好友信息，并临时保存到 Friend 实体类中，最终通过 JDBC 将好友信息保存到 MySQL 数据库，参考代码如下。

```
public static void add(){
    Scanner scanner=new Scanner(System.in);
    System.out.println("请输入以下好友信息");

    Friend friend=new Friend();
    System.out.println("好友姓名:");
    friend.setName(scanner.next());

    System.out.println("好友性别:");
    friend.setSex(scanner.next());

    System.out.println("好友地址:");
    friend.setAddress(scanner.next());

    System.out.println("好友电话:");
    friend.setTel(scanner.next());

    Connection conn;
    PreparedStatement ps;
    try {
        conn=DBHelper.getConnection();
        ps = conn.prepareStatement("insert into friendsinfo(f_name,f_sex,f_ad-
dress,f_tel) values(?,?,?,?)");
```

```
        ps.setString(1, friend.getName());
        ps.setString(2, friend.getSex());
        ps.setString(3, friend.getAddress());
        ps.setString(4, friend.getTel());

        ps.executeUpdate();
        conn.close();
        ps.close();
    } catch (Exception e) {
        e.printStackTrace();
    }
    System.out.println("好友信息添加成功!");
}
```

代码运行结果如图 9-5 所示。

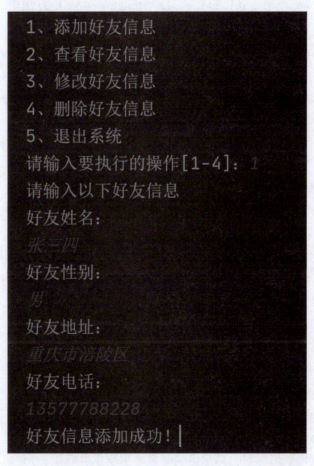

图 9-5　添加好友信息

【项目小结】

本项目首先设计好友信息表以及对应的实体类，接着在 main()方法中添加好友管理菜单，让好友管理系统可以响应用户输入的操作指令。好友管理系统根据不同的操作指令，执行不同的功能。最终在 FriendUtil 工具类中实现这些功能。本项目对 Java 编程中非常重要的基础知识进行了实操，对于理解和设计复杂的系统至关重要。

【技能强化】

一、填空题

1. 如果 MySQL 数据库的 URL 是"jdbc：mysql：//localhost：3306/db_database15"，则该数据库的默认端口号是_____。

2. 如果数据库的 URL 是"jdbc：mysql：//localhost：3306/db_database15"，则当前使用的是_____数据库。

3. JDBC 相关类和接口都位于_____包中。

4. 在 getConnection（String url, String user, String password）方法中，3 个参数代表的含义是_____。

5. 如果要关闭连接，则可以使用 Connection 接口中的_____方法。

二、判断题

1. ResultSet 对象自动维护指向当前数据行的游标。每调用一次 next()方法，游标向下移动一行。循环完毕后指回第一条记录。　　　　　　　　　　　　　　　　　（　　）

2. 作为一种良好的编程风格，应在不需要 Statement 对象和 Connection 对象时显式地关闭它们。　　　　　　　　　　　　　　　　　　　　　　　　　　　　（　　）

3. MySQL 主键被强制定义成 NOT NULL 和 UNIQUE。　　　　　　　　　　（　　）

4. SELECT 语句的过滤条件既可以放在 WHERE 子句中，也可以放在 FROM 子句中。
　　　　　　　　　　　　　　　　　　　　　　　　　　　　　　　　（　　）

5. 要按先 ResultSet 结果集，后 Statement，最后 Connection 的顺序关闭资源，因为 Statement 和 ResultSet 是在需要连接时才可以使用的，在使用结束之后其他 Statement 可能还需要连接，所以不能先关闭 Connection。　　　　　　　　　　　　　　（　　）

三、选择题

1. 使用下列哪个语句可以加载 MySQL 数据库驱动？（　　）

A. Class. forName（"com. mysql. jdbc. Driver"）

B. Class. loadDriver（"com. mysql. jdbc. Driver"）

C. Class. forName（"Com. mysql. jdbc. Driver"）

D. Class. loadDriver（"Com. mysql. jdbc. Driver"）

2. 使用 JDBC 查询数据库时，如果 Result 结果集中没有数据，则（　　）。

A. 获得的 ResultSet 对象为 null

B. 获得的 ResultSet 对象如果调用 next()方法，则会抛出异常

C. 获得的 ResultSet 对象如果调用 next( )方法，则会返回 false

D. 获得的 ResultSet 对象如果调用 getRow( )方法，则会返回−1

3. 加载数据库驱动时，如果加载失败，则会抛出（　　　）异常。

A. Exception

B. ClassNotFoundException

C. Error

D. OnException

4. "SELECT COUNT（＊）FROM emp；"这条 SQL 语句执行时，如果员工表（emp）中没有任何数据，那么 ResultSet 将（　　　）。

A. 是 null

B. 有数据

C. 不为 null，但是没有数据

D. 以上都选项都不对

5. 如果为下列预编译 SQL 语句的第 3 个问号赋值，那么正确的选项是（　　　）。

A. pst. setInt("3",2000)；

B. pst. setInt(3,2000)；

C. pst. setFloat("salary",2000)；

D. pst. setString("salary","2000")；

四、简答题

相对于 Statement，PreparedStatement 的优点是什么？

五、编程题

1. 借助 JDBC 在 tsgc 数据库中完成将数据表 employee 中性别为"女"的员工密码修改为"hello"。数据表 employee 的结构如图 9-6 所示。

no	name	password	sex	salary
1001	张三	111	女	3500
1002	李四	222	男	8500
1003	王五	333	男	4500

图 9-6　数据表 employee 的结构

2. 借助 JDBC 在 tsgc 数据库中完成对数据表 employee 中所有数据的查询，并将查询结果在控制台打印输出。数据表 employee 的结构如图 9-6 所示。

3. 借助 JDBC 在 tsgc 数据库中将数据表 employee 中姓名为"李四"的员工删除。数据表 employee 的结构如图 9-6 所示。

实现好友管理系统（三）

【项目导入】

本项目在项目9的基础上，进一步完善好友管理系统的相关功能，实现对好友信息的修改以及删除的功能。

【项目目标】

（1）掌握使用 JDBC 修改数据的操作。

（2）掌握使用 JDBC 删除数据的操作。

【素质目标】

（1）培养良好的编程习惯。

（2）培养良好的数据备份和数据恢复的素养。

（3）形成严谨、规范的项目管理意识。

任务1　实现好友管理系统的修改好友信息功能

10.1.1　实现步骤

1. 添加 JDBC 驱动

在加载数据库驱动前，需要将数据库驱动文件（".jar"文件）复制到 classpath 路径下（图 10-1）。

数据库驱动文件导入成功后，即可加载数据库驱动，常用的加载数据库驱动的方式是使用 CLass 类的 forName()静态方法实现，示例代码如下。

```
CLass.forName("com.mysql.jdbc.Driver");
```

2. 获取数据库连接

参考 8.1.2 节，这里不再赘述。

3. 通过 Connection 实例获取 Statement 对象

参考 8.1.2 节，这里不再赘述。

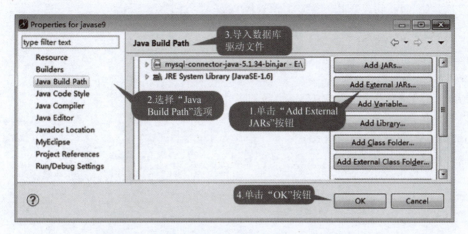

图 10-1 将数据库驱动文件复制到 classpath 路径下

4. 使用 Statement 执行 SQL 语句

参考 8.1.2 节，这里不再赘述。

5. 处理查询后的结果

使用 Statement 实例的 executeUpdate( ) 方法，返回修改成功的数据行数，如果返回的结果大于 0，则说明修改成功。

6. 回收数据库资源

回收数据库资源包括回收 Statement 和 Connection 资源。通过调用 Statement 实例和 Connection 实例的 close( ) 方法来完成。

10.1.2 案例演示

【需求分析】

好友"张三"更换了手机号码，为了保持好友信息的准确性和一致性，需要在好友管理系统中进行同步更新。

【需求难点】

（1）成功连接数据库。

（2）使用 JDBC 修改数据的步骤。

（3）判定修改是否成功的方法。

【步骤】

（1）导入数据库驱动。项目 8 已经讲解，这里不再赘述。

（2）编写实体类 Friend，参考代码如下。

```
public class Friend{
    int fid;
    String name;
```

```java
    String sex;
    String address;
String tel;
Public int getFid(){
return fid;
}
Public void setFid(int fid){
this.fid=fid;
}
    public String getName() {
        return name;
    }
    public void setName(String name) {
        this.name=name;
    }
    public String getSex() {
        return sex;
    }
    public void setSex(String sex) {
        this.sex=sex;
    }
    public String getAddress() {
        return address;
    }
    public void setAddress(String address) {
        this.address=address;
    }
    public String getTel() {
        return tel;
    }
    public void setTel(String tel) {
        this.tel=tel;
    }
}
```

（3）编写数据库连接代码。参考代码如下。

```java
public class DBHelper {
    //驱动类的类名
    private static final String DRIVERNAME="com.mysql.jdbc.Driver";
```

```java
        //连接数据的 URL
        private static final String URL = "jdbc:mysql://localhost:3306/frdb";
        //登录数据库的账号
        private static final String USER = "root";
        //登录数据库的密码
        private static final String PASSWORD = "123456";
        //1.加载驱动,仅需加载一次即可
        static{
            try {
                Class.forName(DRIVERNAME);
            } catch (ClassNotFoundException e) {
                e.printStackTrace();
            }
        }
        //获取数据库连接
        public static Connection getConnection() throws Exception  {
            try {
                return DriverManager.getConnection(URL, USER,PASSWORD);
            } catch (SQLException e) {
                e.printStackTrace();
                throw new Exception();
            }
        }
        //关闭连接
        public  static  void colse(ResultSet rs, Statement stat, Connection  conn)
throws Exception{
            try {
                if (rs != null) { //判断结果集是否为 null
                    rs.close();
                }
                if (stat != null) { //判断 Statement 对象是否为 null
                    stat.cancel();
                }
                if (conn != null) { //判断数据库连接对象是否为 null
                    conn.close();
                }
            } catch (Exception e) {
                e.printStackTrace();
                throw new Exception();
```

```
        }
    }
}
```

（4）编写业务逻辑代码。参考代码如下。

```java
//获取修改的好友对象
public static voidupdate(){
        Scanner scanner=new Scanner(System.in);
    System.out.println("请输入要修改信息的好友姓名");
        System.out.println("好友姓名:");
int fid=scanner.nextInt();
        System.out.println("好友新电话:");
        String tel=scanner.next();
        Friend friend=new Friend();
        friend.setFid(fid);
        friend.setTel(tel);
        FriendService.updateFriendInfo(friend);
        System.out.println("好友信息修改成功!");
}
//修改好友信息
    public static void updateFriendInfo(Friend friend){//根据好友编号修改好友信息
        Connection conn;
        PreparedStatement ps;
        try{
            Class.forName("com.mysql.jdbc.Driver");//加载驱动
            conn = DriverManager.getConnection("jdbc:mysql://localhost:3306/
frdb","root","123456");
            ps=conn.prepareStatement("update friendsinfo set f_tel=? where f_id
=?");
            ps.setString(1, friend.getTel());
            ps.setString(2, friend.getFid());
            ps.executeUpdate();
            conn.close();
            ps.close();
        }catch(ClassNotFoundException|SQLException e){
            e.printStackTrace();
            JOptionPane.showMessageDialog(null, "数据库异常,修改失败!");//弹出成
功提示框
        }
    }
```

（5）测试。

单击"运行"按钮，运行代码，检查对应好友信息是否修改成功。

任务 2　实现好友管理系统的删除好友信息功能

10.2.1　实现步骤

1. 添加 JDBC 驱动

参考 10.1.1 节，这里不再赘述。

2. 获取数据库连接

参考 8.1.2 节，这里不再赘述。

3. 通过 Connection 实例获取 Statement 对象

参考 8.1.2 节，这里不再赘述。

4. 使用 Statement 执行 SQL 语句

参考 8.1.2 节，这里不再赘述。

5. 处理查询后的结果

参考 10.1.1 节，这里不再赘述。

6. 回收数据库资源

参考 10.1.1 节，这里不再赘述。

10.2.2　案例演示

【需求分析】

删除好友列表中好友编号为 3 的好友信息，并更新到数据库中。

【需求难点】

（1）成功连接数据库。

（2）使用 JDBC 删除数据的步骤。

（3）测试代码时确定是否删除数据的条件。

【步骤】

（1）导入数据库驱动，项目 8 已经讲解，这里不再赘述。

（2）编写实体类 Friend，参考代码如下。

```
public class Friend {
    int fid;
    String name;
    String sex;
    String address;
```

```
String tel;
Public int getFid(){
return fid;
}
Public void setFid(int fid){
this.fid=fid;
}
    public String getName() {
        return name;
    }
    public void setName(String name) {
        this.name=name;
    }
    public String getSex() {
        return sex;
    }
    public void setSex(String sex) {
        this.sex=sex;
    }
    public String getAddress() {
        return address;
    }
    public void setAddress(String address) {
        this.address=address;
    }
    public String getTel() {
        return tel;
    }
    public void setTel(String tel) {
        this.tel=tel;
    }
}
```

（3）编写数据库连接代码。参考代码如下。

```
public class DBHelper {
    //驱动类的类名
    private static final String DRIVERNAME="com.mysql.jdbc.Driver";
    //连接数据的URL
    private static final String URL="jdbc:mysql://localhost:3306/frdb";
```

```java
    //登录数据库的账号
    private static final String USER = "root";
    //登录数据库的密码
    private static final String PASSWORD = "123456";
    //1.加载驱动,仅需加载一次即可
    static{
        try {
            Class.forName(DRIVERNAME);
        } catch (ClassNotFoundException e) {
            e.printStackTrace();
        }
    }
    //获取数据库连接
    public static Connection getConnection() throws Exception  {
        try {
            return DriverManager.getConnection(URL, USER,PASSWORD);
        } catch (SQLException e) {
            e.printStackTrace();
        }
    }
    //关闭连接
    public   static   void colse(ResultSet rs, Statement stat, Connection   conn)
throws Exception{
        try {
            if (rs != null) {//判断结果集是否为 null
                rs.close();
            }
            if (stat != null) {//判断 Statement 对象是否为 null
                stat.cancel();
            }
            if (conn != null) {//判断数据库连接对象是否为 null
                conn.close();
            }
        } catch (Exception e) {
            e.printStackTrace();
        }
    }
}
```

（4）编写业务逻辑代码。参考代码如下。

```
//获取删除的好友对象
public static voiddelete(){
        Scanner scanner=new Scanner(System.in);
        System.out.println("请输入要删除信息的好友编号");
        System.out.println("好友编号:");
int fid=scanner.nextInt();
        System.out.println("好友新电话:");
        String tel=scanner.next();
        Friend friend=new Friend();
        friend.setFid(fid);
        friend.setTel(tel);
        FriendService.addOneStudent(friend);
        System.out.println("好友信息删除成功!");
}
//修改好友信息
    public static voiddeleteFriendInfo(Friend friend){//根据好友编号删除好友信息
        Connection conn;
        PreparedStatement ps;
        try {
            Class.forName("com.mysql.jdbc.Driver");//加载驱动
             conn = DriverManager.getConnection ( "jdbc:mysql://localhost:3306/
frdb", "root","123456");
            ps=conn.prepareStatement("delete from friendsinfo where f_id=?");
          ps.setString(1, friend.getFid());
          ps.executeUpdate();
          conn.close();
          ps.close();
        } catch (SQLException e) {
          e.printStackTrace();
                }
}
```

(5) 测试。

单击"运行"按钮,运行代码,检查对应好友信息是否删除成功。

【项目小结】

本项目在项目 9 的基础上,进一步完善修改和删除好友信息的功能,需要掌握修改、删除操作对应的方法调用。在执行修改和删除操作时,要注意准确编写操作条件,否则将导致数据被批量修改或删除。

【技能强化】

一、填空题

1. 创建 Statement 对象的方法有_____、_____、_____。

2. Statement 常用于执行 SQL 语句的方法有_____、_____、_____。

3. 在修改和删除数据的操作中，操作完成后，需要释放_____和_____资源。

二、判断题

1. 执行删除数据的操作时，任一字段都可当作条件。　　　　　　　　（　　　）

2. prepareCall( )方法用于执行存储过程。　　　　　　　　　　　（　　　）

3. executeUpdate( )方法的返回值是修改后的结果集。　　　　　　　（　　　）

4. Class. forName（"com. mysql. jdbc. Driver:mysql"）用于加载数据库驱动。　（　　　）

5. executeDelete( )方法用于执行删除数据的操作。　　　　　　　　（　　　）

三、编程题

1. 将好友列表中姓"张"好友的地址统一修改成"云南省曲靖市"。

2. 删除好友列表中姓"刘"的女性好友。